中等职业教育服务机器人装配与维护专业系列教材

服务机器人基础

组　　编　深圳市优必选科技股份有限公司
主　　编　黄大岳　欧阳锷
副 主 编　廖银萍　周　兵
参　　编　何妙君　魏子栋

机械工业出版社

本书以服务机器人的分类与行业发展为基础，重点介绍服务机器人在各行各业的应用，并以家用服务机器人、医疗服务机器人与公共服务机器人为例进行了详细介绍。通过本书的学习，读者能够全面了解服务机器人行业的发展趋势、服务机器人的系统组成以及典型应用场景等。

本书可作为中等职业学校服务机器人装配与维护专业的教材，也可作为人工智能与服务机器人行业相关从业人员的自学用书。本书配有电子教案、电子课件和微课视频资源，辅助读者学习和理解相关知识。

图书在版编目（CIP）数据

服务机器人基础 / 黄大岳，欧阳锷主编.—北京：机械工业出版社，2023.8（2025.8重印）
中等职业教育服务机器人装配与维护专业系列教材
ISBN 978-7-111-73589-2

Ⅰ.①服… Ⅱ.①黄… ②欧… Ⅲ.①服务用机器人–中等专业学校–教材 Ⅳ.①TP242.3

中国国家版本馆CIP数据核字（2023）第137711号

机械工业出版社（北京市百万庄大街22号　邮政编码100037）
策划编辑：赵志鹏　　　　　责任编辑：赵志鹏
责任校对：梁　园　张　征　封面设计：马精明
责任印制：李　昂
涿州市般润文化传播有限公司印刷
2025年8月第1版第3次印刷
210mm×297mm·8印张·165千字
标准书号：ISBN 978-7-111-73589-2
定价：39.80元

电话服务　　　　　　　　　网络服务
客服电话：010-88361066　　机　工　官　网：www.cmpbook.com
　　　　　010-88379833　　机　工　官　博：weibo.com/cmp1952
　　　　　010-68326294　　金　书　网：www.golden-book.com
封底无防伪标均为盗版　机工教育服务网：www.cmpedu.com

前　言

随着计算机技术的突破，人们开始制造能编程和感知环境，用于生产线上的工业机器人。后来，人们又开始研究更接近人类形态和智能的人形机器人，利用传感器、摄像头、语音识别等技术，使机器人能走路、跑步、交流、学习等。这些机器人有些用于军事、航天、医疗等特殊领域，有些用于服务、娱乐、教育等日常领域。目前，机器人技术正朝着更高级的智能化和自主化方向发展。利用深度学习等人工智能技术，机器人能更好地理解和适应复杂多变的环境和任务。

从全球范围看，机器人是衡量国家创新能力和产业竞争力的重要指标，已成为全球新一轮科技和产业革命的重要切入点。人工智能技术的突破、核心零部件成本的下降，加速了服务机器人在各领域的渗透，其产业规模近年来呈迅速扩大之势且潜在发展空间巨大。

自2006年以来，我国持续出台一系列政策，明确支持服务机器人相关产业发展。目前服务机器人逐渐走入我们的生活场景，例如扫地机器人、酒店迎宾机器人和人形娱乐机器人等。

本书以服务机器人的分类与行业发展为基础，重点介绍服务机器人在各行各业的应用，并以家用服务机器人、医疗服务机器人与公共服务机器人为例进行了详细介绍。通过本书的学习，读者能够全面了解服务机器人行业发展趋势、服务机器人的系统组成以及典型应用场景等。

为体现职业教育产教融合与教学适应性，本书从内容规划、编写、审核等环节均注重体现职业教育特色，强化产教融合、校企合作。书中以实践任务为导向，引入服务机器人基础知识，突出理论和实践的统一性；在学习项目与实践任务的设计上，充分考虑技术技能型人才成长规律和学习认知特点，循序渐进，利于读者对知识的理解和技能的掌握。

本书的编写团队由企业技术人员与院校专业骨干教师构成，主要编写成员有：黄大岳、欧阳锷、廖银萍、周兵、何妙君、魏子栋、陈泽兰、彭建、唐欣玮、吴楚斌、张宝林、王金芝。

本书在编写过程中，参考了部分文献和大量的网络资源，在此对原作者一并表示感谢！由于作者水平有限，书中难免有不当之处，欢迎读者提出宝贵的意见与建议。

编　者

二维码索引

名称	二维码	页码	名称	二维码	页码
认识机器人		002	机器人路径规划		041
认识服务机器人		004	认识医疗机器人		064
服务机器人核心技术		014	认识安防机器人		100

目 录

前　言
二维码索引

项目一　初识服务机器人　001

项目导入　001

学习目标　002

知识链接　002
1.1　机器人定义与分类　002
1.2　服务机器人概述　004
1.3　服务机器人的产业链　009
1.4　服务机器人的核心技术和系统组成　009
1.5　服务机器人的应用及其展望　028

动手实践　029
实践任务1：列出你所知道的服务机器人类型和品牌　029
实践任务2：玩转"多模态人形机器人——悟空"　029

项目评价　034

项目小结　034

项目习题　035

项目二　认识个人/家用服务机器人　037

项目导入　037

学习目标　038

知识链接　038
2.1　个人/家用服务机器人简介　038
2.2　家政服务机器人　042
2.3　教育服务机器人　048

动手实践　056

实践任务 1：列出你所知道的家庭服务
　　　　　　　机器人类型和品牌 056
　　实践任务 2：玩转"开源人形双足教育
　　　　　　　机器人——Yanshee" 056

项目评价 060
项目小结 060
项目习题 061

项目三　认识医疗服务机器人　　　　　　　　　063

项目导入 063
学习目标 064
知识链接 064
　3.1　医疗服务机器人简介 064
　3.2　手术机器人 067
　3.3　康复机器人 072
　3.4　医疗辅助机器人 076
　3.5　医疗后勤机器人 080

动手实践 083
　　实践任务：列出你所知道的医疗机器人类型和品牌 083

项目评价 084
项目小结 084
项目习题 085

项目四　认识公共服务机器人　　　　　　　　　087

项目导入 087
学习目标 088
知识链接 088

4.1 公共服务机器人简介 088
4.2 引导接待机器人 092
4.3 终端配送机器人 095
4.4 智能安防机器人 100

动手实践 103
 实践任务：列出你所知道的公共服务机器人类型和品牌 103

项目评价 104

项目小结 104

项目习题 105

项目五　认识服务机器人操作规范　　107

项目导入 107

学习目标 108

知识链接 108
 5.1 机器人安全总则 108
 5.2 服务机器人安全标准 113
 5.3 服务机器人操作规范 113

动手实践 117
 实践任务：清洁、保养服务机器人 117

项目评价 118

项目小结 118

项目习题 119

参考文献 120

项目一
初识服务机器人

【项目导入】

进入 21 世纪，机器人已逐步由仅应用于工业生产领域，扩展到社会生活的方方面面，并派生出种类繁多的服务机器人。目前，工业机器人技术已逐渐成熟，而服务机器人技术的发展前景依然广阔。

那么，什么是服务机器人呢？服务机器人能为人们的日常生活提供哪些便捷服务呢？服务机器人的系统组成以及关键的核心技术都有哪些？本项目将带领大家一起去寻找这些问题的答案，让大家切实感受服务机器人带来的魅力。部分服务机器人如图 1-1 所示。

图 1-1　服务机器人

学习目标

1）了解服务机器人的定义、分类以及发展概况。
2）掌握服务机器人的系统组成。
3）了解服务机器人的核心技术。
4）掌握多模态人形机器人"悟空"的基本操作。

知识链接

1.1 机器人定义与分类

1.1.1 机器人定义

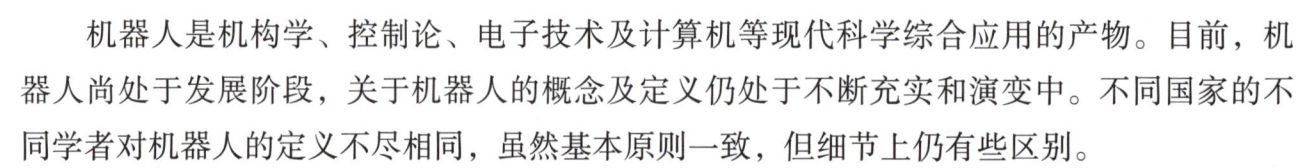

机器人是机构学、控制论、电子技术及计算机等现代科学综合应用的产物。目前，机器人尚处于发展阶段，关于机器人的概念及定义仍处于不断充实和演变中。不同国家的不同学者对机器人的定义不尽相同，虽然基本原则一致，但细节上仍有些区别。

国际标准化组织（ISO）对机器人的定义是：机器人的动作机构具有类似于人或其他生物体的某些器官（肢体、感观等）的功能；机器人具有通用性，工作种类多样，动作程序灵活易变；机器人具有不同程度的智能性，如记忆、感知、推理、决策、学习等；机器人具有独立性，完整的机器人系统在工作中可以不依赖于人的干预。

美国机器人协会（RIA）对机器人的定义是：机器人是一种用于移动各种材料、零件、工具或专用装置的，通过程序动作来执行各种任务，并具有编程能力的多功能机械手。

美国国家标准局（NBS）对机器人的定义是：机器人是一种能够进行编程并在自动控制下执行某种操作和移动作业的机械装备。

我国科学家对机器人的定义是：机器人是一种自动化的机器，有所不同的是这种机器具备一些与人或生物相似的智能能力，如感知能力、规划能力、动作能力和协同能力，是一种具有高度灵活性的自动化机器。

我国《机器人分类》（GB/T 39405—2020）标准文件中对机器人的定义是：具有两个或两个以上可编程的轴，以及一定程度的自主能力，可在其环境内运动以执行预定任务的执行机构。

1.1.2 机器人分类

同机器人的定义一样，国际上至今没有关于机器人分类的统一标准。从不同角度出发可以有不同的分类，如有的按应用领域分，有的按运动方式分，有的按结构形式分等。

根据机器人的应用领域不同，国际机器人联盟（IFR）将机器人分为工业机器人和服务机器人两大类。其中，工业机器人是指应用于生产过程和环境的机器人；服务机器人是指除工业机器人以外，用于非制造业并服务于人类的各种机器人，分为个人/家用服务机器人及专业服务机器人。借鉴IFR分类标准，我国电子学会结合国内机器人产业发展特性，将机器人分为工业机器人、服务机器人和特种机器人三类。不同应用领域的机器人如图1-2所示。

a）装配机器人

b）扫地机器人

c）餐饮机器人

d）排爆机器人

图1-2　不同应用领域的机器人

根据机器人的运动方式，可将其分为轮式机器人、履带式机器人、飞行式机器人、足腿式机器人、蠕动式机器人、浮游式机器人、潜游式机器人和其他运动方式机器人。不同运动方式的机器人如图1-3所示。

a）轮式机器人 　　b）履带式机器人 　　c）飞行式机器人 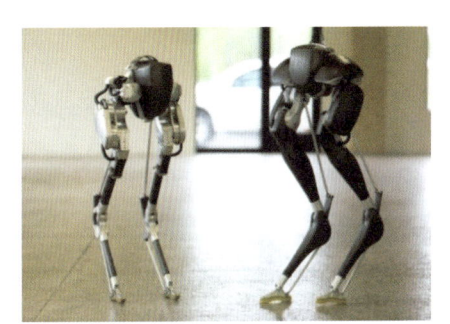　　d）足腿式机器人

图1-3　不同运动方式的机器人

e) 蠕动式机器人 　　　　　f) 浮游式机器人 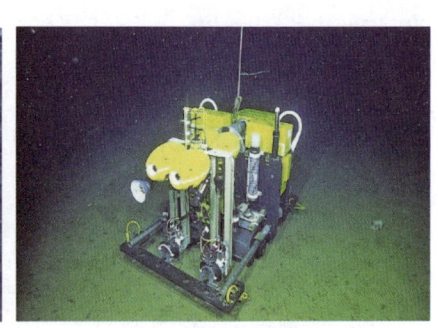　　　　　g) 潜游式机器人

图 1-3　不同运动方式的机器人（续）

根据《机器人　分类及型号编制方法》（JB/T 8430—2014）的 5.1 部分的内容，机器人按其机械结构类型可分为垂直关节型机器人、平面关节型机器人、直角坐标型机器人、并联机器人和其他机械结构类型机器人。不同结构形式的机器人如图 1-4 所示。

a) 六轴垂直关节型机器人 　　　　　b) 平面关节型机器人

c) 三自由度直角坐标型机器人 　　　　　d) 并联机器人

图 1-4　不同结构形式的机器人

1.2　服务机器人概述

1.2.1　服务机器人的定义

服务机器人是机器人家族中的一个年轻成员，是为人类提供必要服务的多种高技术集成的智能化装备。不同国家对服务机器人的认识不同。根据国

认识服务机器人

际机器人联合会（IFR）定义：服务机器人是一种半自主或全自主工作的机器人，它能完成有益于人类健康的服务工作，但不包括从事生产的设备。

根据这项定义，工业用机器人如果被用于非制造业，那么它也可被认为是服务机器人。服务机器人可能安装、也可能不安装机械手臂。通常来说，服务机器人是可移动的，它包含一个可移动平台，上面有一条或多条"手臂"。如图1-5所示，服务机器人可以给人按摩，也可以进行室外安全巡检。

与工业机器人相比，服务机器人智能化程度更高。它主要利用优化算法、神经网络、模糊控制和传感器等智能控制技术，来进行自主导航定位以及路径规划，可以脱离人为控制而自主规划运动。

a) Walker X给人按摩　　　b) 智能巡检机器人

图1-5　不同类型服务机器人

1.2.2　服务机器人的分类

我国在2021年6月1日起实施的《机器人分类》（GB/T 39405—2020）标准中，根据应用领域的不同，将服务机器人分为个人/家庭服务机器人和公共服务机器人，这与国际标准不同。

中国电子学会结合国内机器人产业发展特性，根据服务机器人应用场景细分不同，将服务机器人分为了个人/家用服务机器人、医疗服务机器人和公共服务机器人，如图1-6所示。

a) 个人/家用服务机器人　　　b) 医疗服务机器人　　　c) 公共服务机器人

图1-6　我国服务机器人分类

1. 家用服务机器人

家用服务机器人，如图 1-7 所示，又叫家庭服务机器人，按其使用用途不同可分为：工具型服务机器人和教育型服务机器人；根据其应用场景不同可分为：家政机器人、教育娱乐机器人、养老助残机器人、家用监控机器人等。

a) 家政机器人　　　　b) 娱乐机器人　　　　c) 家用监控机器人

图 1-7　家用服务机器人

2. 医疗服务机器人

医疗服务机器人是指用于医疗或辅助医疗的机器人，主要应用于医院和诊所中，可用于医疗问诊、搬运物体、辅助医生进行手术等。根据用途不同，医疗服务机器人可分为：临床医疗用机器人、护理机器人、医用教学机器人和医疗康复机器人等。医疗服务机器人如图 1-8 所示。

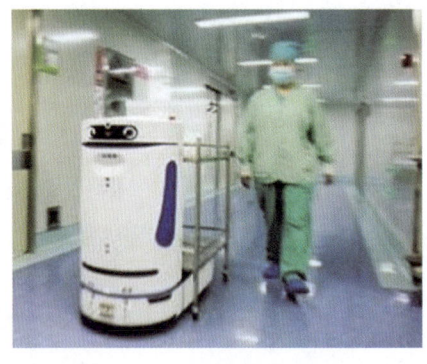

a) 达芬奇手术机器人　　　　b) 医疗物资运输机器人　　　　c) 下肢康复训练机器人

图 1-8　医疗服务机器人

3. 公共服务机器人

公共服务机器人指在农业、金融、物流等除医学领域外的公共场合为人类提供一般服务的机器人。根据应用场景不同，公共服务机器人可分为：引导接待机器人、终端配送机器人和智能安防机器人等。公共服务机器人如图 1-9 所示。

a）引导接待机器人　　　　　　b）终端配送机器人　　　　　　c）智能安防机器人

图 1-9　公共服务机器人

1.2.3　服务机器人的发展概况

1. 发展历程

随着人工智能技术的演进和市场需求的变化发展，服务机器人的发展历程大致可分为三个阶段。

（1）实验室阶段

20 世纪五六十年代，随着计算机、传感器和仿真等技术不断发展，美国、日本等国家相继研发出了有缆遥控水下机器人（ROV）、智能机器人、仿生机器人等。

1）1960 年，美国海军成功研制出全球第一台水下机器人 ROV——"CURV1"。

2）1968 年，美国斯坦福研究所研制出世界上第一台智能机器人。

3）1969 年，日本早稻田大学的加藤一郎实验室研发出了第一台以双脚走路的仿生机器人。

（2）萌芽阶段

20 世纪七十到九十年代，服务机器人具备初步感觉和协调能力，医用服务机器人、娱乐机器人等逐步投放市场。

1）1990 年，TRC 公司研发的"护士助手"机器人开始出售。

2）1995 年，我国第一台 6000 米无缆自治水下机器人"CR-01"研制成功。

3）1999 年，日本索尼推出第一代宠物机器人"AIBO"。

（3）发展阶段

21 世纪以来，计算机、物联网、人机交互、云计算等先进技术快速发展，服务机器人在家庭、教育、商业、医疗、军事等领域获得了广泛应用。

1）2000 年，达芬奇推出全球第一个机器人手术系统。

2）我国服务机器人行业起步较晚，在 2005 年前后开始初具规模，得益于应用市场优势，其发展空间巨大。

2. 市场规模及增速

在市场需求牵引、技术突破带动和国家智能制造相关政策的支持下，我国机器人产业蓬勃发展，市场规模日益扩大。持续高涨的市场需求，有力地拉动了机器人产业的技术创新、产品研发、系统集成、人才培养及公共服务体系建设，为我国机器人产业发展营造了良好的生态环境。根据中国电子学会2022年8月份发布的《中国机器人产业发展报告（2022年）》（以下简称《报告》）显示，2022年我国机器人市场规模预计达到174亿美元。其中，工业机器人市场规模87亿美元，占总市场规模的50%；服务机器人65亿美元，占总市场规模的37.4%；特种机器人22亿美元，占总市场规模的12.6%。图1-10所示为2022年我国机器人市场结构，图1-11所示为2017—2024年我国服务机器人销售额及增长率。随着新兴场景的进一步拓展，预计到2024年，我国服务机器人市场规模有望突破100亿美元。

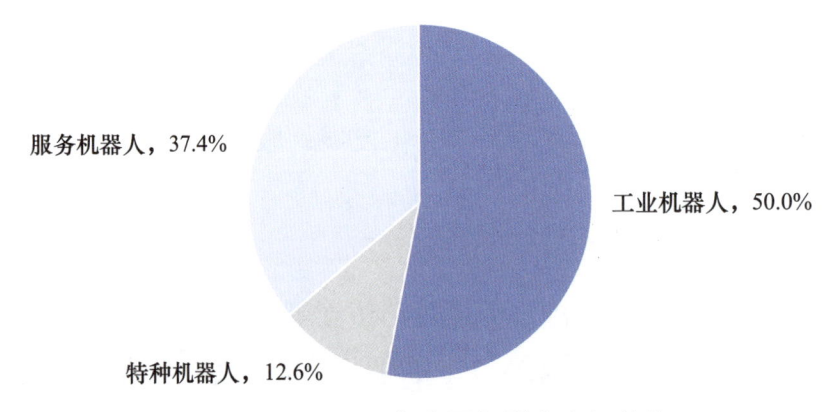

图1-10 2022年我国机器人市场结构

图1-11 2017—2024年我国服务机器人销售额及增长率

3. 发展前景

目前，我国服务机器人产业整体虽仍处于发展早期阶段，但市场刚需是持续存在的，同时服务机器人的形态及服务场景是丰富多样的。一方面，随着人口红利消失，用工成本逐年递增，加上人口老龄化趋势日益加剧，我国经济发展面临着劳动力不足且成本居高等问题，服务机器人的广泛应用能在一定程度上缓解我国人口结构失衡带来的一些社会问题；另一方面，随着国家战略的推进和产业链的发展，越来越多的组织及个人将参与到服务机器人产业中来，"政、产、学、研、用、资"多方共建的发展格局将逐步形成，这为机器人生态化发展奠定良好基础。服务机器人的产业链将因此逐渐完善，技术创新成果逐步积累，产业会变得更加规模化、体系化。用户需求的多样化和新技术的日益发展，也将给服务机器人市场带来重大发展机遇。

1.3 服务机器人的产业链

如图 1-12 所示，服务机器人行业的产业链可分为上游、中游和下游。产业链上游是指机器人核心零部件研发与生产商，其主要提供机器人需要的核心组件和功能模块，如芯片、激光雷达、控制器、传感器、伺服电机等。产业链中游主要指机器人本体制造商以及面向应用部署服务的系统集成商。其中本体制造商在机器人本体结构设计和加工制造的基础上，通过集成上游的核心零部件实现机器人整机的生产；而系统集成商是连接本体制造类企业和客户的桥梁，通过面向具体用户需求的定制化集成应用开发，机器视觉、语音识别、SLAM 等系统集成，来实现机器人在特定场景中的实际部署和应用。产业链下游主要指面向不同应用领域的各类细分市场，由不同领域的企业客户和个人消费者组成，形成巨大的机器人应用市场，如教育、医疗、新零售等。

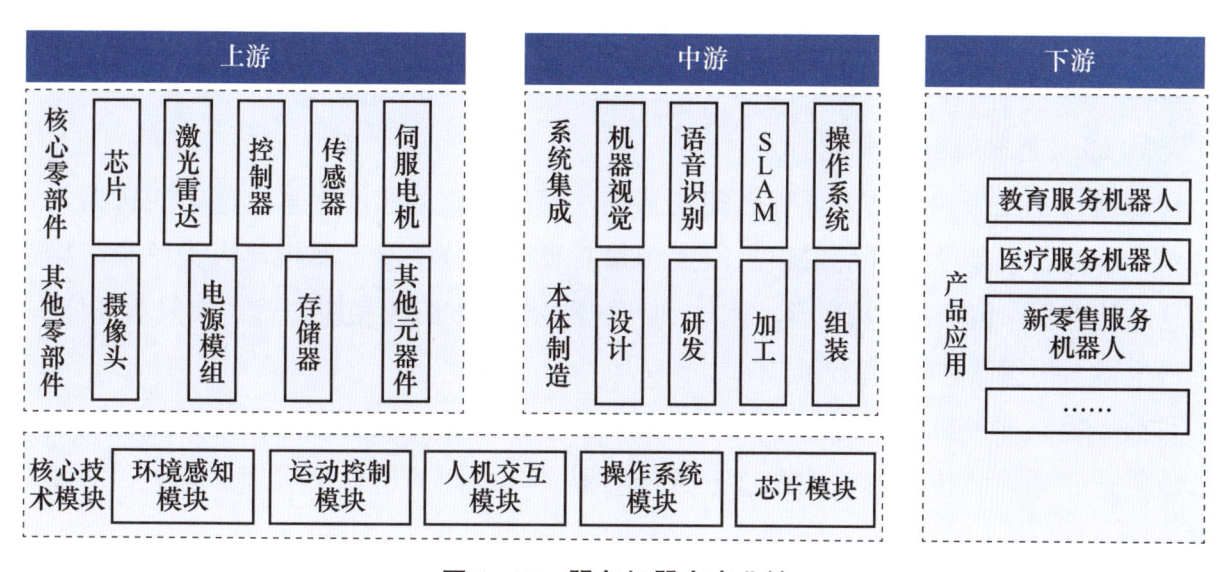

图 1-12 服务机器人产业链

1.4 服务机器人的核心技术和系统组成

1.4.1 服务机器人的核心技术

服务机器人是一个多学科交叉的产物，其研究内容多、领域广，主要涉及的有机械、信息、材料、智能控制、生物医学等领域。服务机器人的核心技术主要有：环境感知技术、运动控制技术、人机交互技术、操作系统技术以及芯片技术。

1. 环境感知技术

环境感知技术作为机器人系统不可或缺的一部分，与智能机器人的地图构建、运动控制等功能息息相关。机器人一旦失去感知能力将无法帮助人们完成具体工作任务，因此它是机器人的"感知+运控+交互"技术体系融合发展的基础和前提条件。

机器人的感知功能通常需要通过各类传感器来实现。借助传感器，机器人能够及时感知自身和外部环境的参数变化，为系统做出即时响应提供数据参考，如视觉、听觉、触觉等。

（1）机器人对传感器的要求

为保证机器人环境感知能力稳定有效，机器人对传感器有特定要求，见表1-1。

表1-1 机器人对传感器的特定要求

强抗干扰能力	由于机器人工作环境复杂未知，因此机器人需具备抵抗电磁、灰尘和油垢等恶劣环境干扰的能力
高精度	传感器帮助机器人自主完成既定工作，如果其精度差，则直接影响机器人的质量
高可靠性	若传感器不稳定，很容易导致机器人出现故障，严重则可能造成重大事故

（2）环境感知技术对机器人的作用

环境感知技术对机器人的主要作用如下：

①对机器人地图构建功能的补充。

②帮助机器人对周围环境进行检测、识别和追踪。

③使机器人能够观察和理解人类行动，与人类友好共存。

（3）多传感器融合技术

传感器技术是影响机器人环境感知技术模块发展进程的核心因素。通常，机器人系统内的单个传感器仅能获得环境的信息段或测量对象的部分信息，而机器人为整合多渠道数据信息并处理复杂情况，需从视觉、触觉、听觉等多维角度配置相应传感器来采集环境信息，这使得机器人传感器种类繁杂、成本高。

目前，提高服务机器人的自主移动能力和环境感知能力主要通过激光雷达、摄像头、毫米波雷达、超声波传感器、GPS这五类传感器及其之间的组合来实现。各类传感器对比见表1-2。

表1-2 各类传感器对比

传感器类型	探测距离	精度	优点	缺点
激光雷达	>100米	极高	实时测量周围物体与自身距离	易受恶劣天气影响
摄像头	50米	一般	能够辨别物体	易受光影响，辨别能力依赖算法，识别稳定性较差
毫米波雷达	250米	较高	性价比高	无法探测行人
超声波传感器	3米内	高	能探测绝大部分物体	无法进行远距离探测
GPS	—	短期测量精度高	能实现全局视角定位	无法获得周围障碍物的位置信息

2. 运动控制技术

运动控制指机器人为完成一系列任务和动作所执行的各种控制手段。运动控制系统既包括各种硬件系统，又包括各种软件系统，它是提高机器人性能的关键因素。运动控制主要包含位置控制、速度控制、加速度控制、转矩或力矩控制等几种控制类型。

（1）主要实现方式

服务机器人的运动控制主要通过电机系统和液压系统两种实现方式，见表1-3。

表1-3 服务机器人运动控制主要实现方式

实现方式	电机系统	液压系统
技术	成熟度高	系统复杂性高，定制设计比较多
优点	控制灵活，使用方便	功率密度大，力矩惯量大
缺点	输出功率小，传动部件容易磨损	发热大，效率低，精度要求高
应用	移动机器人和小型人形机器人	大型人形机器人和四足机器人

（2）主要研究方向

服务机器人在运动控制方面的主要研究方向为定位导航和运动协调控制。

①定位导航：机器人需要通过环境感知，对自身和目标进行定位、导航和运动规划，SLAM技术是目前广泛应用的导航技术。SLAM（Simultaneous Localization and Mapping，即时定位与地图构建），是机器人通过对各种传感器数据进行汇总和计算，生成对其自身位置姿态的定位和场景地图信息的系统；它主要的作用是让机器人在未知的环境中，完成定位（Localization）、建图（Mapping）和路径规划（Navigation）。SLAM技术对于机器人的运动和交互能力十分关键，目前主流的SLAM技术应用有两种：基于激光雷达的SLAM（简称激光SLAM）和基于视觉的SLAM（简称V-SLAM），其中激光SLAM技术较成熟且应用广泛，而V-SLAM技术是未来研究趋势。

②运动协调控制：机器人需要应对复杂多样的行走环境，对自身的姿态和动作进行协调。目前市场上的机器人一般采用轮式或履带式，足式机器人相对较少。但由于足式机器人更擅于应对复杂多样的行走环境，将是未来的发展趋势之一。

3. 人机交互技术

人机交互是指借助计算机外接硬件设备，以有效的方式实现人与计算机对话的技术。在人机交互中，人通过输入设备给机器传输相关信号，这些信号包括语音、文本、图像、触控等一种或多种模态，机器通过输出或显示设备给人提供相关反馈信号。

服务机器人的人机交互，就是使用人机交互技术，通过屏幕、语音、手势视觉、Web后台等一系列的方式来控制机器人按照用户的意图执行任务。一个完善的机器人系统需要友好的交互技术做支撑，功能齐全的人机交互系统能极大提升机器人使用体验，吸引用户使用。多模态人机交互系统及其控制方法系统框图如图1-13所示。

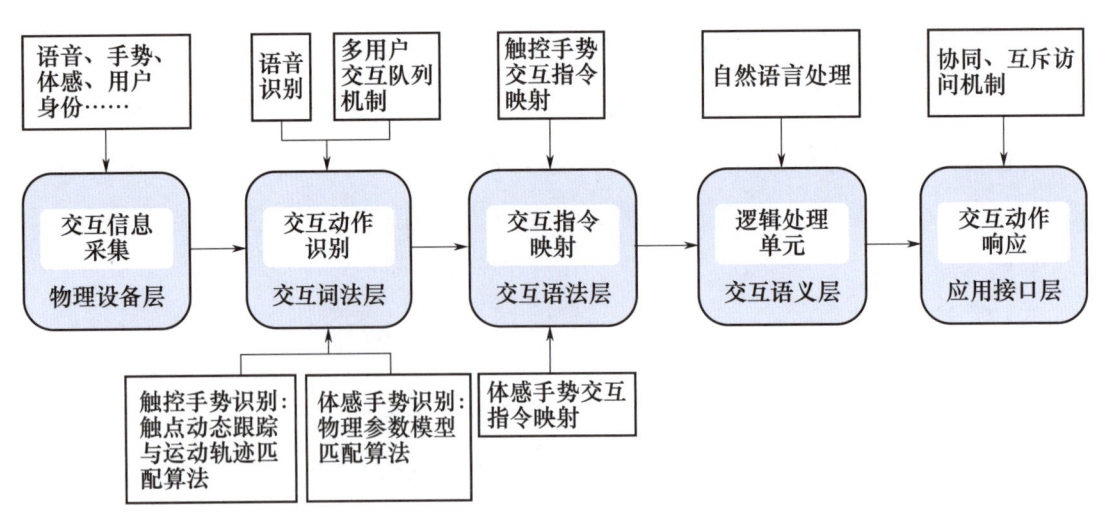

图 1-13 多模态人机交互系统及其控制方法系统框图

（1）语音交互技术

基于语音的人机交互是当前人机交互技术中最主要的表现形式之一。它以语音为主要信息载体，使机器具有像人一样"能听会说、自然交互、有问必答"的能力，其主要优势在于使用门槛低、信息传递效率高，且能够解放双手双眼。图 1-14 所示是语音交互技术的基本流程。

目前，国内的技术供应商主要包括科大讯飞、云知声、思必驰、出门问问等，它们均拥有自主核心科技，且专注于智能语音技术及输出语音识别等应用，其中科大讯飞的语音识别技术能力最强，市场占有率最高。目前，行业的整体语音识别成功率已达较高水平，但在具体落地时仍然会存在诸如语音交互效果受周围环境影响较大、沟通方式不够人性化等问题，因此仍需在场景应用层面继续改善。

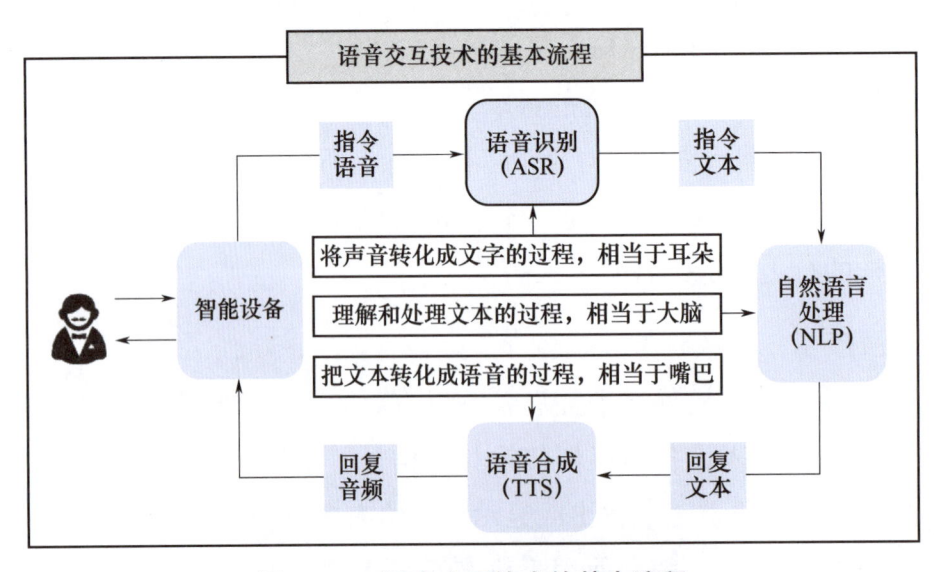

图 1-14 语音交互技术的基本流程

（2）体感交互技术

体感交互直接通过对人的姿势的识别来完成人与机器的互动。它主要通过摄像系统模拟建立三维空间，同时感应出人与设备之间的距离和物体的大小。这种交互方式区别于传统的鼠标、键盘、多点触摸式的交互方式，是由即时动态捕捉、图像识别、语音识别、VR等技术融合衍生出的交互方式。

交互形式的合理性，交互行为的简洁性，交互意图的准确性以及交互反馈的即时性是发展体感交互技术过程中的四大重要因素。随着体感交互技术发展日益成熟，服务机器人未来有望成为高层次体感交互的载体。

4. 操作系统技术

机器人操作系统是用于机器人的一种开源操作系统，是为机器人标准化设计而构造的软件平台，它提供了一系列用于获取、建立、编写和运行多机整合的工具及程序，能够有效地提高机器人研发代码的复用率，简化多种机器人平台之间创建复杂性和鲁棒性机器人行为的任务量。当前全球主流机器人操作系统为 Android 系统和 ROS（Robot Operating System）系统。企业通常以底层基础操作系统内容为基础，来开发适用自身特色的应用系统。

目前大多数服务机器人操作系统是基于 Linux 内核开发的，底层算法系统多采用 ROS 系统。ROS 系统具有分布式计算、软件复用、快速测试、免费开源等多种优势，可以适用于服务机器人多节点多任务的复杂应用场景。

5. 芯片技术

芯片是指内含集成电路的硅片，是机器人的大脑。机器人在定位导航、视觉识别、处理传输、规划执行等环节都需要用到不同类型的芯片。芯片包括通用芯片和专用芯片，通用芯片不限使用领域，而专用芯片一般是专门为服务机器人定制的。

目前，大多智能服务机器人使用的还是通用芯片，包括 CPU、GPU 以及 FPGA。传统的 CPU 是计算机的核心；而在图形处理和深度神经网络的计算上，GPU 表现出了更强的性能；FPGA 虽然不具备通用计算功能，但在简单运算上不仅效率高，而且功耗低。

FPGA 在深度神经网络（DNN）预测系统中性能更加出色，功率相同时，在 32 线程下，FPGA 的速度/功耗比约为 CPU 的 42 倍、GPU 的 25 倍。CPU、GPU、FPGA 不同线程处理速度对比如图 1-15 所示。

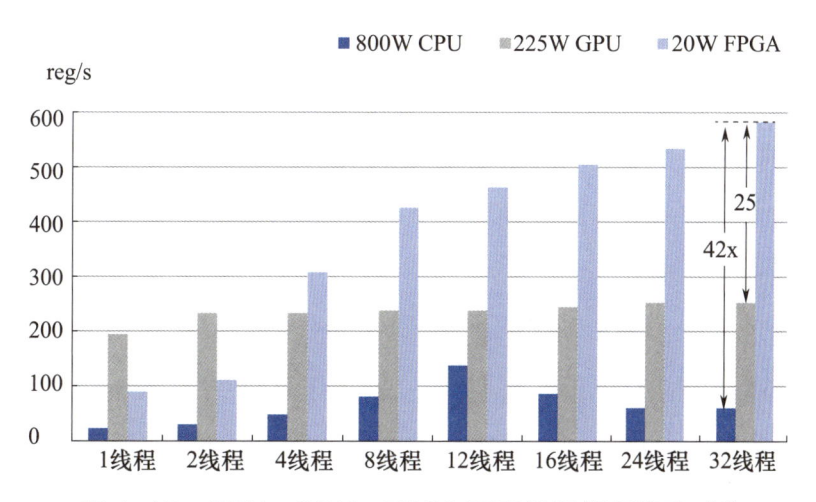

图 1-15　CPU、GPU、FPGA 不同线程处理速度对比

1.4.2 典型服务机器人系统组成

服务机器人与工业机器人在结构上有着较大的区别,其本体包括可移动的机器人底盘、多自由度的关节式机械系统以及特定功能所需要的特殊机构。通常来说,典型的服务机器人系统一般由机械系统、驱动系统、感知系统和控制系统组成,如图1-16所示。

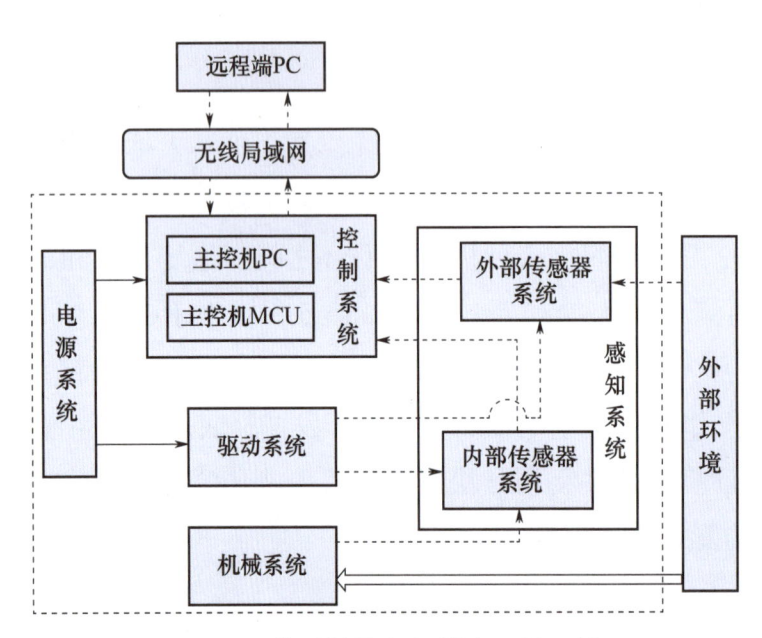

图 1-16 典型的服务机器人系统组成

1. 机械系统

服务机器人的机械系统通常包括机身、手臂、手腕、手(手爪)、行走机构等部分。

（1）机身

机身是机器人的基础部分,它是直接连接、支承和传动手臂及行走机构的部件。它由手臂运动（升降、平移、回转和俯仰）机构及有关的导向装置及支撑件等组成。由于机器人的运动方式、使用条件、负载能力等各不相同,所采用的驱动装置、传动机构、导向装置也会有所不同,这使得机身结构间存在很大的差异。对固定式机器人,机身直接连接在地面上；对于移动式机器人,机身则安装在移动机构上。

一般情况下,实现手臂的升降、回转或俯仰等运动的驱动装置或传动部件都安装在机身上。手臂的运动越多,机身的结构和受力就越复杂。机身既可以是固定式的,也可以是移动式的,即在它的下部装有能移动或行走的机构,使其可沿地面或架空轨道运行。常用的机身结构类型有：升降回转型机身结构、俯仰型机身结构、直移型机身结构、类人机器人机身结构,如图1-17所示。

（2）手臂

手臂是机器人执行机构中的重要部件,它的作用是将被抓取的物体运送到给定的位置上。一般,机器人手臂有3个自由度,用来完成手臂的伸缩、左右回转和升降（或俯仰）运动。手臂的回转和升降运动通过机座的立柱来实现,立柱的横向移动就是手臂的横移。

手臂的各种运动通常由驱动机构和各种传动机构来实现，这不仅仅要承受被抓取物体的重量，还要承受末端执行器、手腕和手臂自身的重量。手臂的结构、工作范围、灵活性、工作载荷和定位精度都直接影响机器人的工作性能，所以必须根据机器人的自由度数、运动形式、抓取重量、运动速度以及定位精度的要求来设计手臂的结构形式。

按手臂的结构形式区分，手臂有单臂式、双臂式等结构，如图 1-18 所示。按手臂的运动形式区分，手臂有直线运动、回转运动、俯仰运动、复合运动等不同的运动方式，对应不同的机械手臂结构。

a) 升降回转型机身结构

b) 俯仰型机身结构

c) 直移型机身结构

d) 类人机器人机身结构

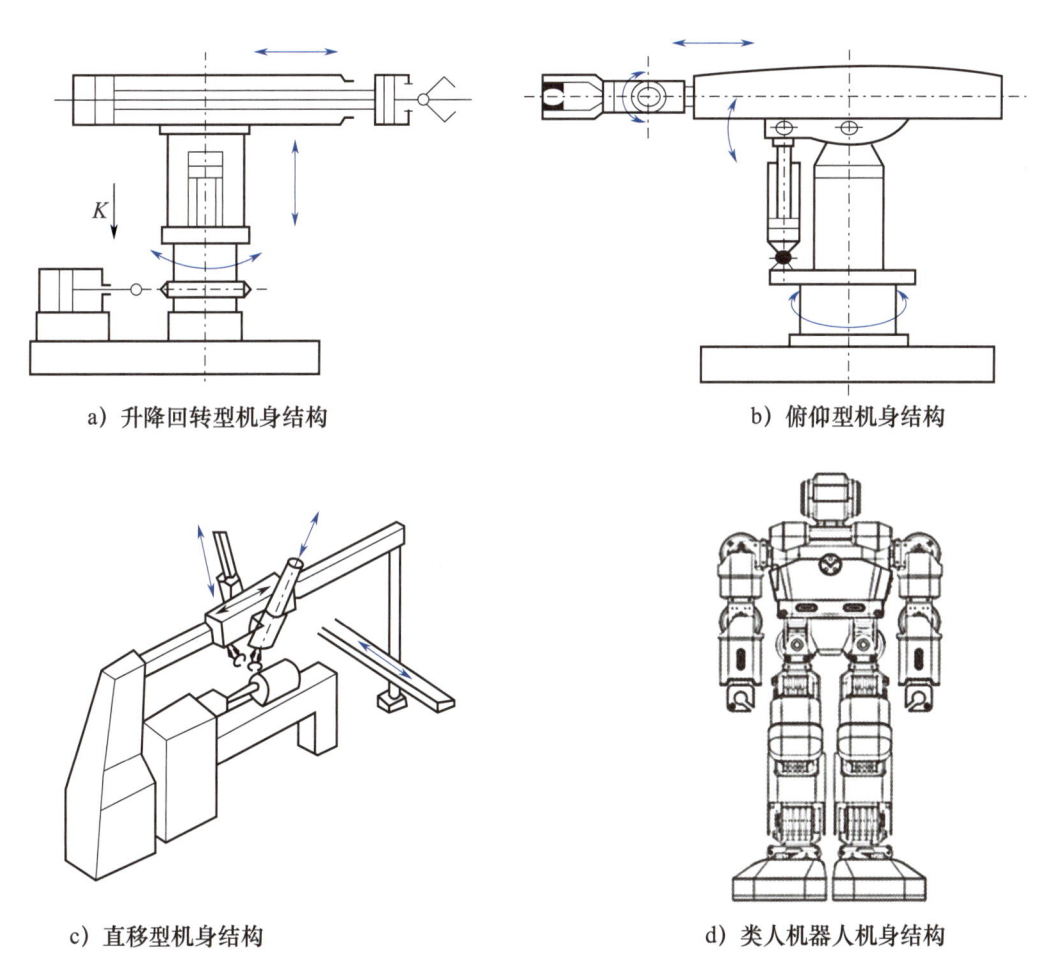

图 1-17 常用的机身结构类型

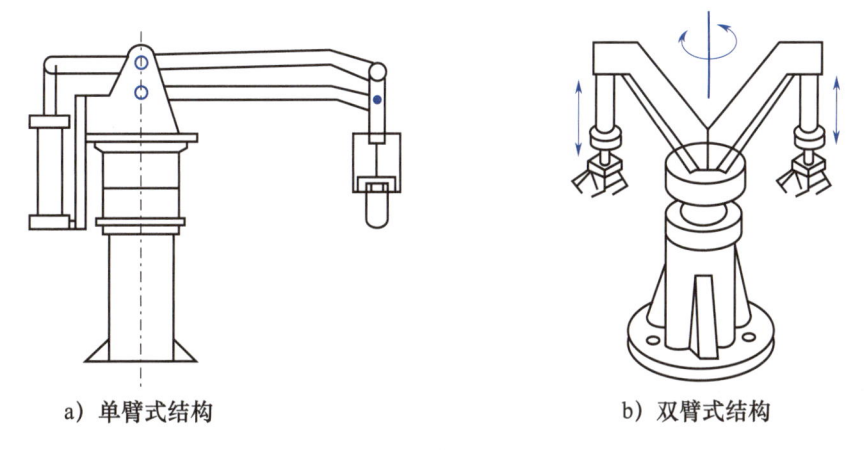

a) 单臂式结构

b) 双臂式结构

图 1-18 按手臂结构形式区分

1）手臂的直线运动机构。机器人手臂的伸缩、升降以及横向（或纵向）移动均属于直线运动。手臂的直线运动实现形式较多，常用的有活塞油（汽）缸、齿轮齿条机构、丝杠螺母机构以及连杆机构等。因为活塞油（汽）缸的体积小、重量轻，在机器人的手臂结构中得到的应用比较多。图 1-19 所示为四导向柱式臂部伸缩机构。手臂的垂直伸缩运动由油缸 1 驱动，其特点是行程长、抓重大，当抓取物形状不规则时，为了防止产生较大的偏重力矩，可采用四根导向柱，这种结构多用于箱体加工线上。

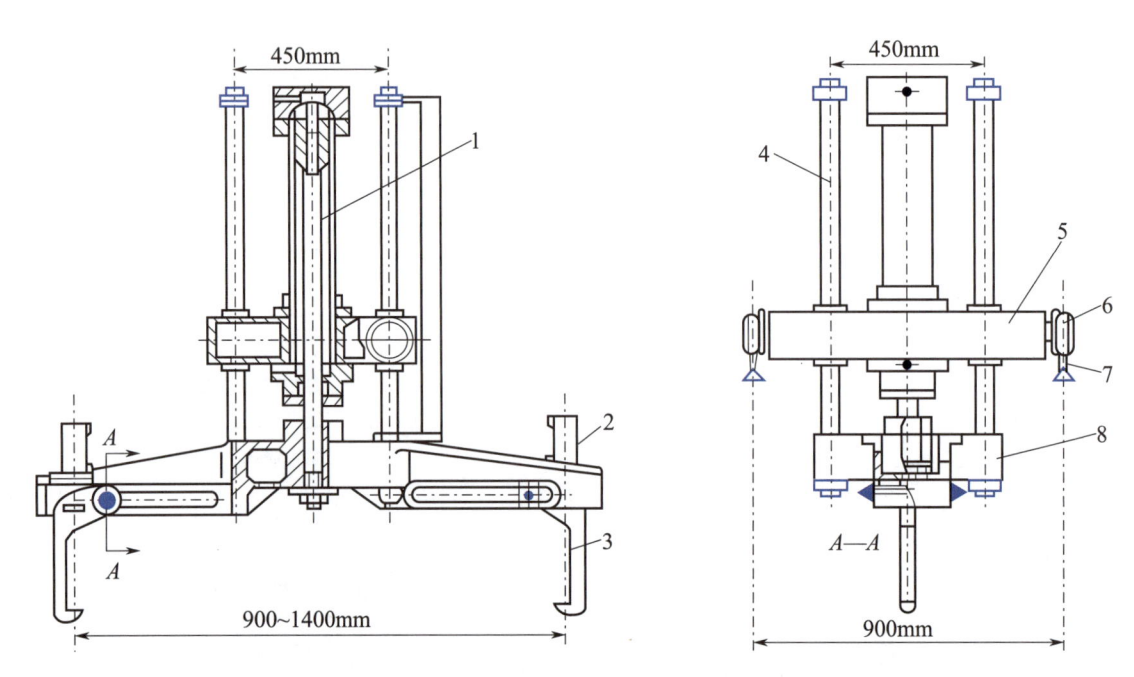

图 1-19　四导向柱式臂部伸缩机构

1—油缸；2—夹紧缸；3—手臂；4—导向柱；5—运行机构；6—行走车轮；7—轨道；8—支座

2）手臂回转和俯仰运动机构。机器人手臂的左右回转、上下摆动（俯仰）均属于回转运动。机器人手臂实现回转运动的常见机构有叶片式回转缸、齿轮传动机构、链传动机构、连杆机构等。齿轮齿条机构是通过齿条的往复移动，带动与手臂连接的齿轮作往复回转，即实现手臂的回转运动。带动齿条往复移动的活塞缸可以由压力油或压缩气体驱动。

机器人手臂的俯仰运动一般采取活塞油（汽）缸与连杆机构联用来实现。用于手臂俯仰运动的活塞缸位于手臂的下方，其活塞杆和手臂用铰链连接，缸体采用尾部耳环或中部销轴等方式与立柱连接。铰接活塞缸实现手臂俯仰运动结构的示意图如图 1-20 所示。

3）手臂复合运动机构。机器人手臂复合运动是指手臂既有直线运动又有回转运动。这种机构多数用于动作程序固定不变的专用机器人。它不仅使机器人的传动结构更加简单，而且可简化驱动系统和控制系统，并使机器人传动准确、工作可靠，因而在生产中应用较多。除手臂实现复合运动外，手腕和手臂的运动亦能组成复合运动。

手臂（或手腕）和手臂的复合运动，可以由动力部件（如活塞缸、回转缸、齿条活塞缸等）与常用机构（如凹槽机构、连杆机构、齿轮机构等）按照手臂的运动轨迹（即路线）或手臂和手腕的动作要求进行组合。

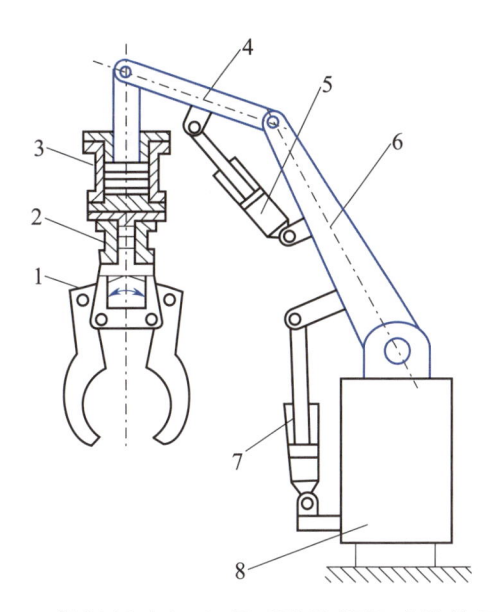

图 1-20　铰接活塞缸实现手臂俯仰运动结构示意图

1—手臂；2—夹紧缸；3—升降缸；4—小臂；5—铰接活塞缸；6—大臂；7—铰接活塞缸；8—立柱

（3）手腕

机器人手腕是连接机器人手（手爪）和手臂的部件。它的作用是调节或改变被抓物体的方位，具有独立的自由度。手腕一般采用三自由度多关节机构，由旋转关节和摆动关节组成。为了使手部能处于空间任意方向，通常要求腕部能实现绕空间 3 个坐标轴 X、Y、Z 的转动，即具有翻转、俯仰和偏转 3 个自由度，手腕自由度如图 1-21 所示。通常把手腕的翻转称为 Roll，用 R 表示；把手腕的俯仰称为 Pitch，用 P 表示；把手腕的偏转称为 Yaw，用 Y 表示。

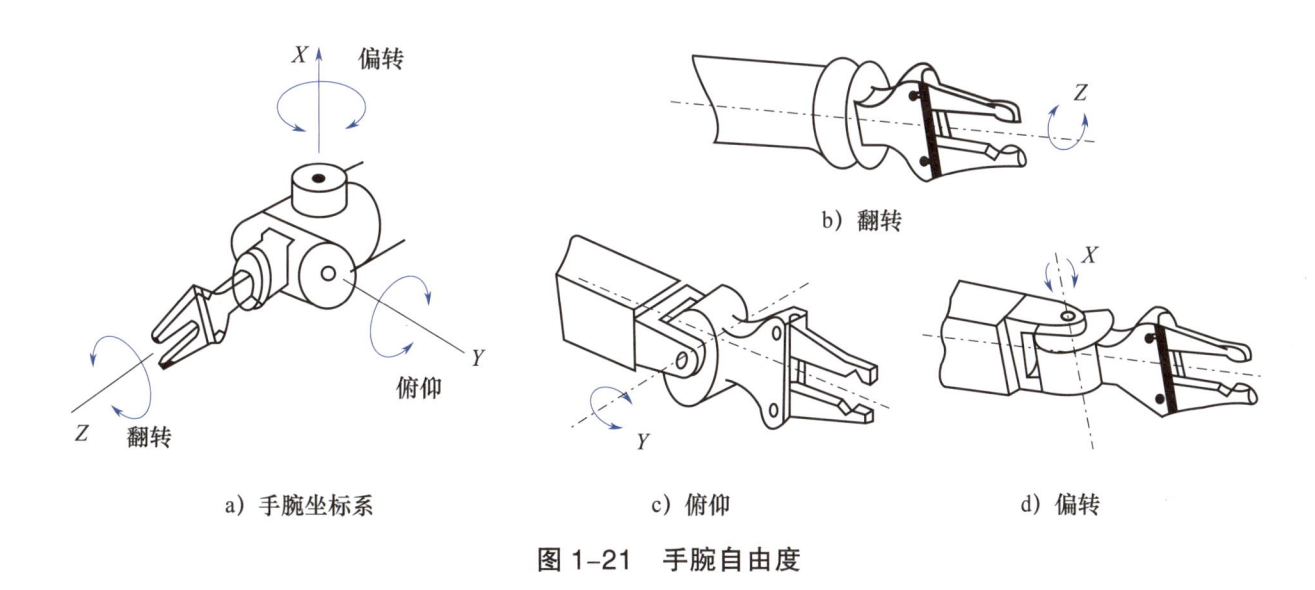

a) 手腕坐标系　　c) 俯仰　　d) 偏转

图 1-21　手腕自由度

手腕实际所需要的自由度数目要根据机器人的工作性能要求来确定。有些情况下，手腕只具有两个自由度：翻转和俯仰或翻转和偏转。还有一些机械手甚至没有手腕。但也有一些手腕为满足特殊要求，还需要横向移动自由度。手腕是安装在机器人手臂的末端，其大小和重量是设计时需要考虑的关键问题,尽量采用紧凑的结构、合理的自由度。

按自由度的数目分,手腕有单自由度手腕(见图1-22)、二自由度手腕(见图1-23)、三自由度手腕(见图1-24)。按驱动方式分,手腕有直接驱动手腕(见图1-25)和间接驱动手腕(见图1-26)。

a) R手腕　　　　　　　　b) B手腕　　　　　　　　c) T手腕

图1-22　单自由度手腕

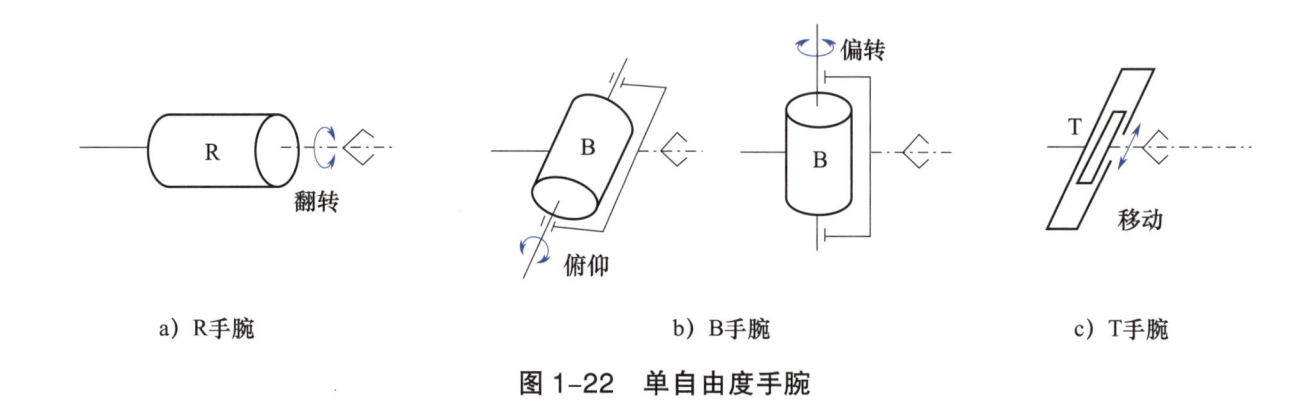

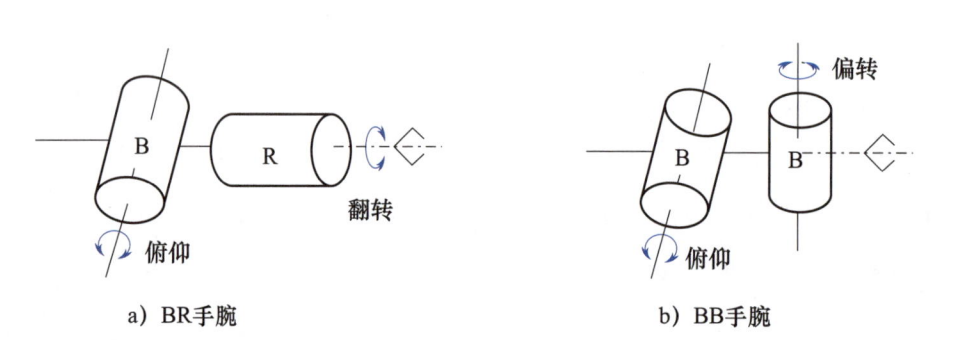

a) BR手腕　　　　　　　　　　　b) BB手腕

图1-23　二自由度手腕

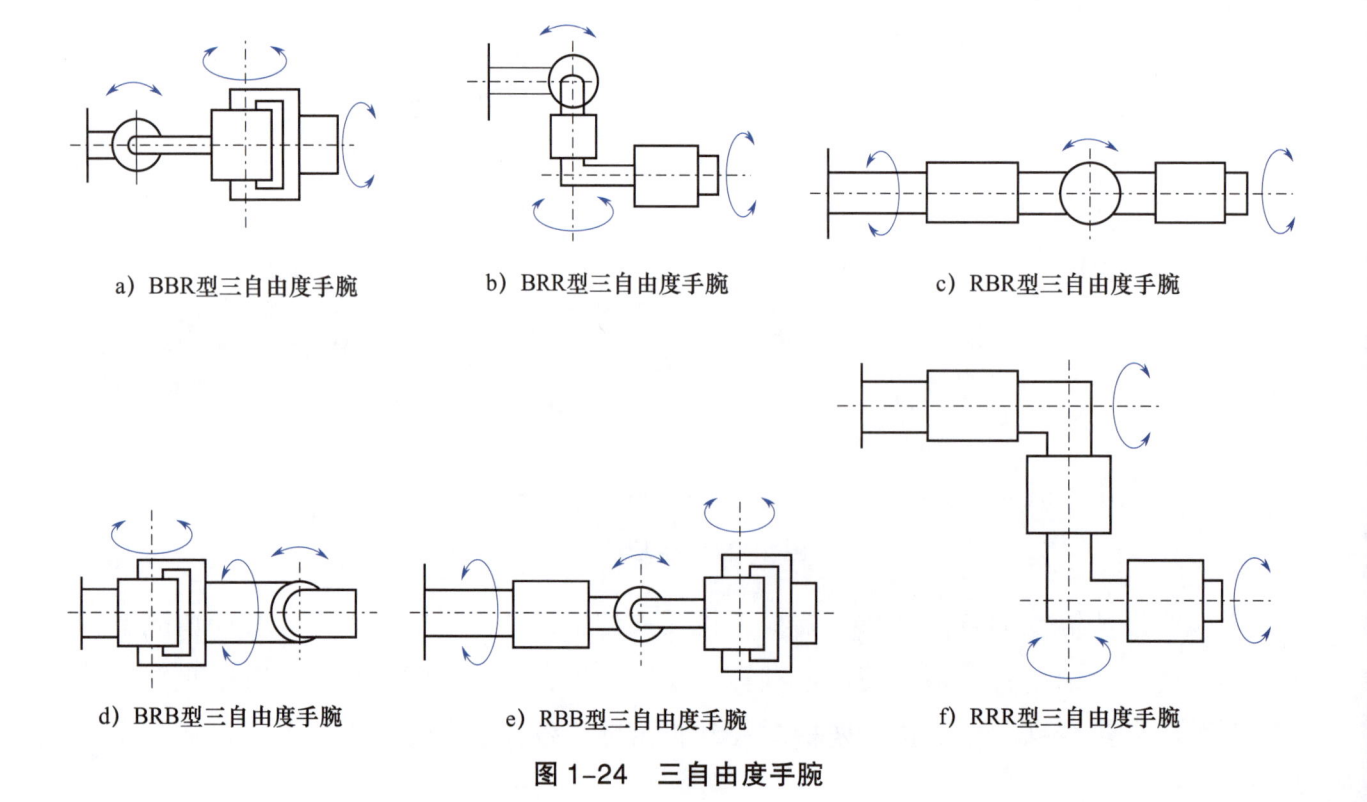

a) BBR型三自由度手腕　　b) BRR型三自由度手腕　　c) RBR型三自由度手腕

d) BRB型三自由度手腕　　e) RBB型三自由度手腕　　f) RRR型三自由度手腕

图1-24　三自由度手腕

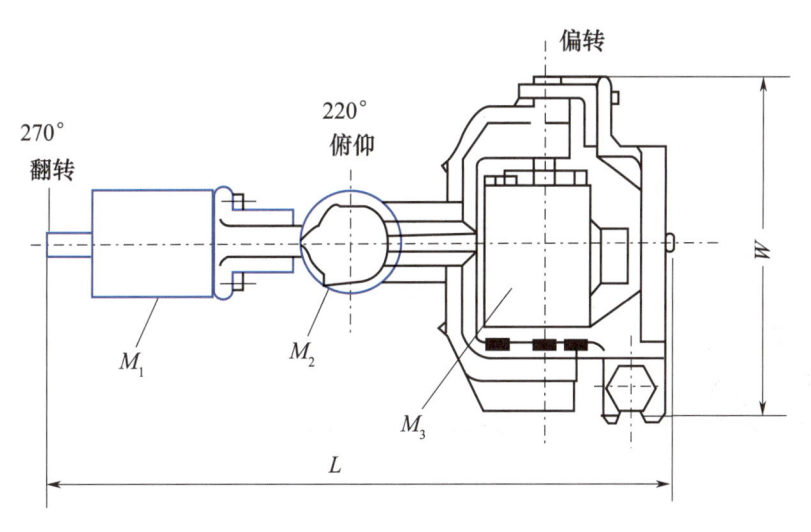

图 1-25 直接驱动手腕（液压直接驱动 BBR 手腕）

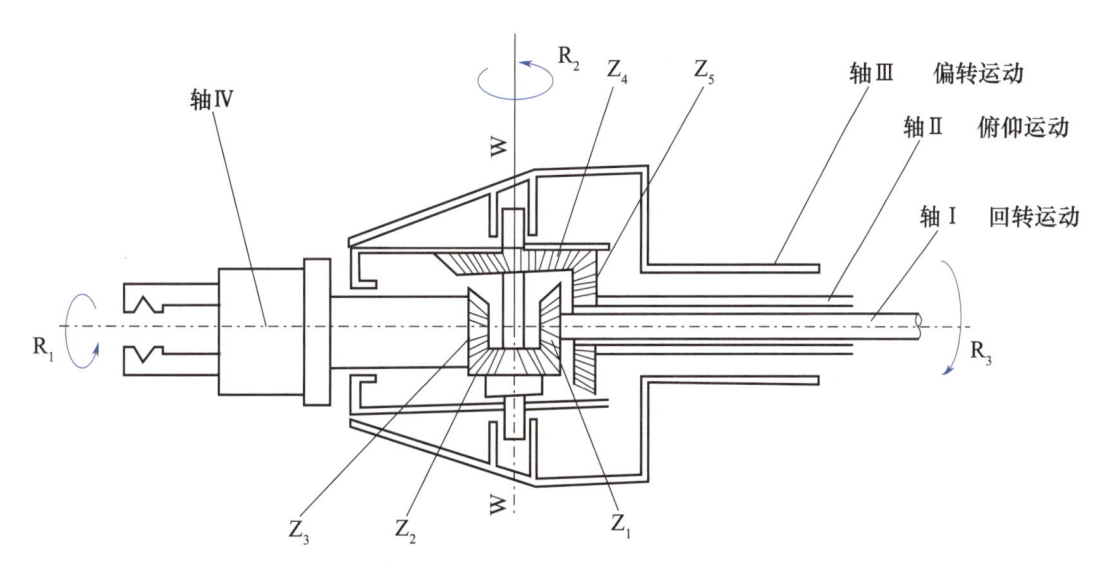

图 1-26 间接驱动手腕（远程传动 RBR 手腕）

（4）手（手爪）

机器人手（手爪）是机器人用于抓取和握紧专用工具以进行操作的部件。机器人手（手爪）具有仿人手动作的特征，它不仅是执行命令的机构，还应该具有识别的功能，也就是人们通常所说的"触觉"。机器人手（手爪）一般由方形的手掌和节状的手指组成。

为了使机器人手（手爪）有触觉，手掌和手指处都装有弹性触点的触敏元件；如果要感知冷暖，则还需装上热敏元件。当手指触及物体时，触敏元件发出接触信号；否则就不发出信号。各指节的连接轴上装有精巧的电位器（一种利用转动来改变电路的电阻从而输出电流信号的元件），它能把手指的弯曲角度转换成"外形弯曲信息"。将外形弯曲信息和各指节产生的接触信息一起送入计算机，以此迅速判断机械手所抓物体的形状和大小。

现在，机器人手（手爪）已经具有了灵巧的指、腕关节，能灵活自如地伸缩摆动，手腕也会转动弯曲。通过手指上的传感器还能感觉出所抓握物体的重量，机器人手（手爪）

已经具备了人手的许多功能。

根据被握物体的形状、尺寸、质量、材质及表面状态，机器人手（手爪）可以分为：夹钳式取料手、吸附式取料手、仿生多指灵巧手等，如图 1-27 所示。

a）夹钳式取料手　　　b）吸附式取料手　　　c）仿生多指灵巧手

图 1-27　机器人手（手爪）

（5）行走机构

行走机构是机器人行走的重要执行部件，它一方面支承机器人的机身、臂部和手部，另一方面还根据工作任务的要求，带动机器人在更广阔的空间内运动。行走机构按照其运动轨迹可分为固定轨迹式和无固定轨迹式。固定轨迹式行走机构主要用于工业机器人，它是对人类手臂动作及功能的模拟和扩展；无固定轨迹式行走机构通常用于具有移动功能的移动机器人，它是对人类行走功能的模拟和扩展。

行走机构按照其结构特点主要分为：车轮式行走机构、履带式行走机构和足式行走机构。此外还有蠕动式行走机构、混合式行走机构和蛇行式行走机构等，用于适应各种特别的场合。下面简要介绍一下车轮式行走机构、履带式行走机构和足式行走机构。

1）车轮式行走机构。车轮式行走机构具有移动平稳、能耗小以及容易控制移动速度和方向等优点。轮式移动机器人是目前使用较为普遍的一种移动机器人，其使用的驱动轮通常分为普通轮、全向轮和万向轮等。按照轮子类型不同和数量不同可分为单轮滚动、两轮差动、三轮全向、四轮全向等。在实际应用中比较常见的轮式行走机构通常有三轮式和四轮式。图 1-28 所示是常见轮式行走机构。

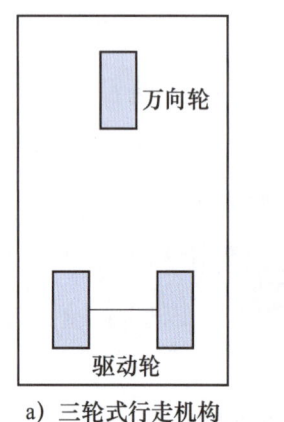

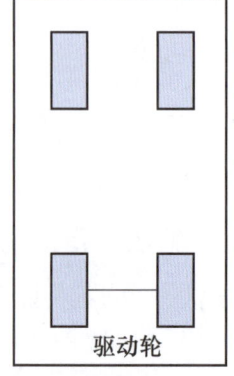

a）三轮式行走机构　　　b）四轮式行走机构

图 1-28　常见轮式行走机构

①三轮式行走机构。三轮式行走机构具有最基本的稳定性,其主要问题是如何实现移动方向的控制。典型三轮结构为一个前轮和两个后轮,如图1-28a所示。其前轮一般为万向轮,仅起支承作用,后两轮的转速差或转向可用来改变移动方向,从而实现整体灵活的、小范围的移动。但在做较长距离的直线移动时,两驱动轮的直径差会影响前进的方向。

②四轮式行走机构。四轮式行走机构可以采用不同的方式实现驱动和转向,即可以使用后轮分散驱动,也可以用连杆机构实现四轮同步转向,这种方式相较于仅有前轮转向的车辆,可实现更小的转弯半径,如图1-28b所示。

2)履带式行走机构。如图1-29所示,履带式行走机构由驱动链轮、履带、支承轮、托带轮和张紧轮(导向轮)组成。履带式行走机构的特点较为突出,它可以在凹凸不平的地面上行走,也可以跨越障碍物、爬不太高的台阶等。与车轮式行走机构相比,履带式行走机构有如下特点:

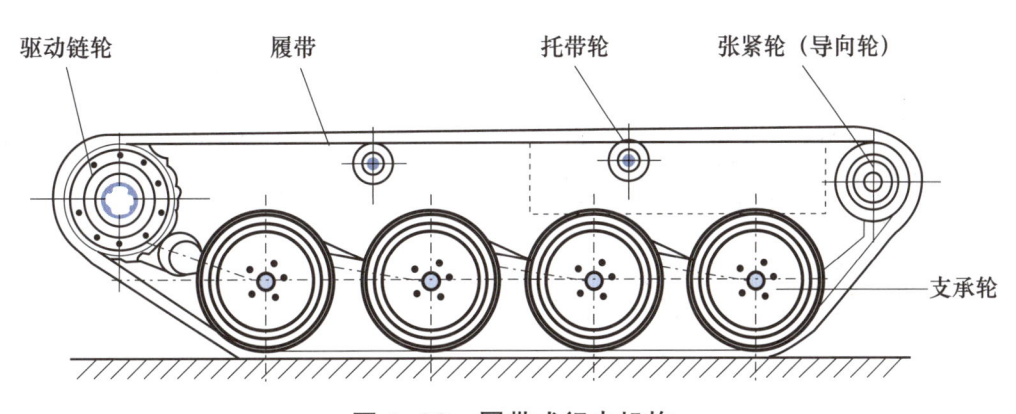

图 1-29 履带式行走机构

①支承面积大,接地比压小,适合松软或泥泞场地作业,下陷度小,滚动阻力小,通过性能好。

②越野机动性能好,爬坡、越沟等性能均优于车轮式移动结构。

③履带支承面上有履齿,不易打滑,牵引性能好,有利于发挥较大的牵引力。

④没有自定位轮机转向机构,只能靠左右两个履带的速度差实现转弯,在横向和前进方面容易产生滑动。

⑤结构复杂,重量大,运动惯性大,减震性能差,零件易损坏。

图1-30所示为形状可变的履带式行走机构。这种行走机构一般由两条形状可变的履带组成,分别由两个主电机驱动。随着主臂杆和曲柄的摇摆,整个履带可以为适应台阶而改变形状,从而使机器人的机体能够任意上下楼梯或越过障碍物。

3)足式行走机构。与轮式行走机构和履带式行走机构相比,足式行走机构具有很大的适应性,尤其是在有障碍物的通道或很难接近的工作场景下更有优势。足式行走机构不仅能在平地上行走,还能在凹凸不平的地面上步行,能跨越沟壑、上下台阶。足式行走机构按照其行走时保持平衡方式的不同可分为静态稳定的多足机构和动态稳定的多足机构;按照足的数目可分为单足、双足、三足、四足、六足、八足等。足式机器人如图1-31所示。

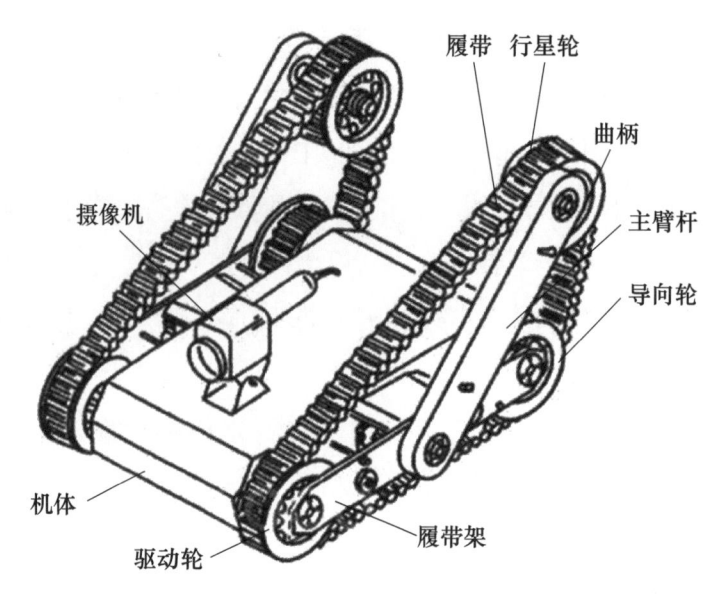

图 1-30　形状可变的履带式行走机构

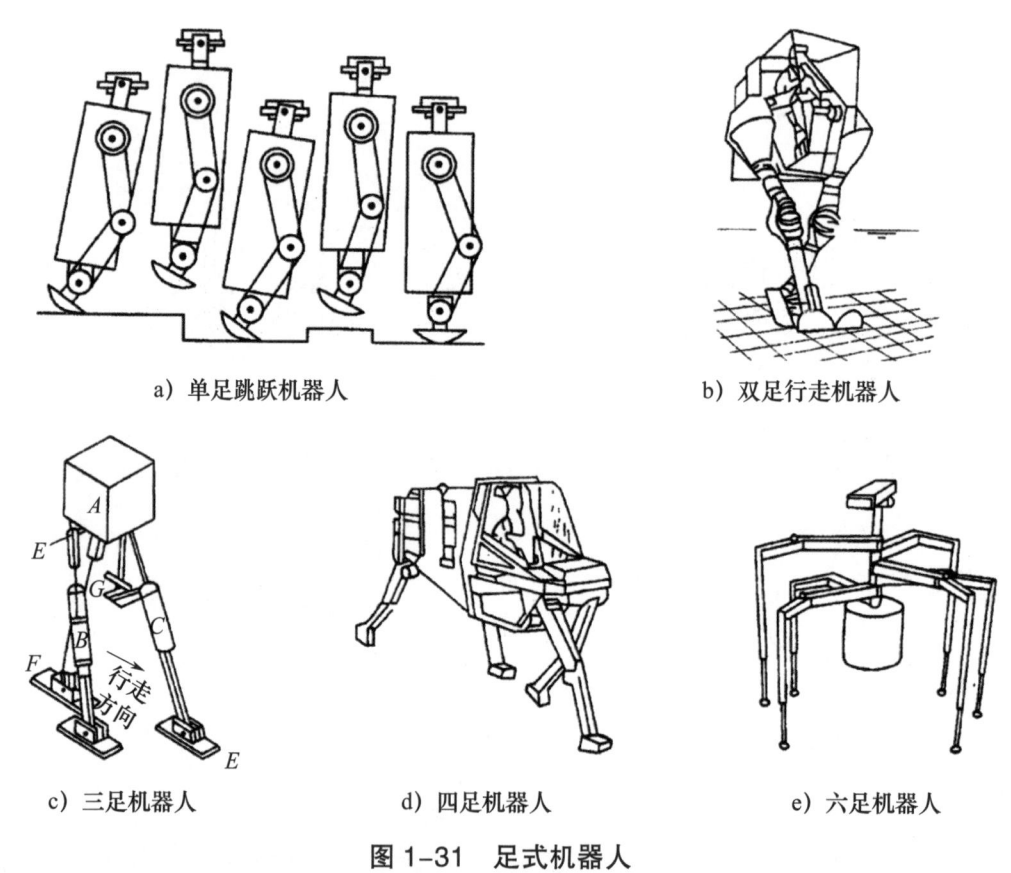

a）单足跳跃机器人　　　　　　b）双足行走机器人

c）三足机器人　　　　d）四足机器人　　　　e）六足机器人

图 1-31　足式机器人

足的数目多，适用于重载和慢速运动。在实际应用中，由于双足和四足具有最好的适应性和灵活性，又最接近人类和动物的肢体特征，所以应用最广泛。

双足行走机构原理图如图 1-32 所示。双足机器人行走机构是一种空间连杆机构，在行走过程中，行走机构始终满足静力学的静态平衡条件，也就是机器人的重心始终落在支持地面的一脚上。

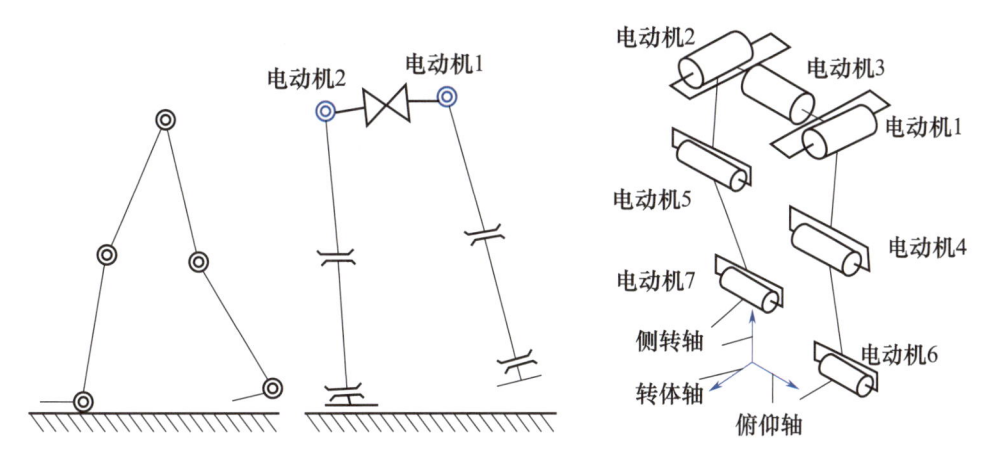

图 1-32 双足行走机构原理图

2. 驱动系统

驱动系统主要是指驱动机械系统动作的驱动装置，是使机器人各个关节运行的机构，它能够按照控制系统发出的指令信号，借助动力元件使机器人做出动作。根据驱动源的不同，驱动系统可分为电动驱动系统、液压驱动系统、气动驱动系统以及把它们结合起来应用的综合系统。

（1）电动驱动

电动驱动系统是目前机器人最常用的驱动系统。电动驱动系统是利用各种电动机产生的力矩和力，直接或间接地驱动机器人本体使机器人随意活动的执行机构。目前常用的电机有直流电机、伺服电机和步进电机，它们能将输入的电信号转换成电机轴上的角位移或角速度输出。

图 1-33 所示为电动驱动机器人，其中水下机器鱼一般采用直流电机来作为驱动源，带动曲柄机构产生拍动来推动机器鱼向前运动；仿人形机器人一般采用永磁式直流伺服电机作为驱动系统带动手部、腰部及腿部关节的运动。

a）水下机器鱼 　　　　b）仿人形机器人

图 1-33 电动驱动机器人

(2) 液压驱动

图 1-34 所示液压驱动——猎豹机器人。液压驱动系统以高压油为工作介质，具有动力大、力（或力矩）与惯量比大、快速响应、易于实现直接驱动等特点，适用于承载能力大、重载搬运和零件加工的机器人。

液压驱动系统由于需进行能量转换（电能转换成液压能），且速度控制多数情况下采用节流调速，因此效率比电动驱动系统低。液压驱动系统的液体泄漏会对环境产生污染，工作噪声也较高，这限制了它在装配作业中的应用。

(3) 气动驱动

气动驱动系统具有速度快、系统结构简单、维修方便、价格低等特点。相比于液压驱动，气动驱动更适合在中、小负荷的机器人中采用，气动驱动——Festo 气驱蝙蝠如图 1-35 所示。

图 1-34 液压驱动——猎豹机器人

图 1-35 气动驱动——Festo 气驱蝙蝠

除了上述三种常用的驱动方式以外，还有一些新型的驱动方式，如磁致伸缩驱动、形状记忆合金、静电驱动、超声波电机等。驱动材料主要有形状记忆合金、压电材料、电流变材料、磁流变材料、超磁致伸缩材料等。通常，这些新型的驱动器主要用在体积小、微型规模的机器人上。

美国波士顿大学研制出的小体积压电微电机驱动的机器人——"机器蚂蚁"就是典型的微型规模机器人。"机器蚂蚁"的腿是长 1mm 或不到 1mm 的硅杆，通过不带传动装置的压电微电机来驱动各条腿运动。这种"机器蚂蚁"可用在实验室中收集放射性的尘埃，也可从病人体内收取患病的细胞。机器蚂蚁如图 1-36 所示。

清华大学和美国加州大学伯克利分校的科学家们研发出了一款以蟑螂为灵感的微型机器人。蟑螂机器人的主体是一个以结构谐振频率驱动的弯曲压电薄膜，长度 3cm，重量不到 0.07g。蟑螂机器人加上电压后，能以每秒 20 个自身长度的速度移动，轻松弹跳、爬坡，甚至负荷 6 倍于自身重量的重物行动。这种蟑螂机器人柔韧性较强，可以应用于救灾活动。蟑螂机器人如图 1-37 所示。

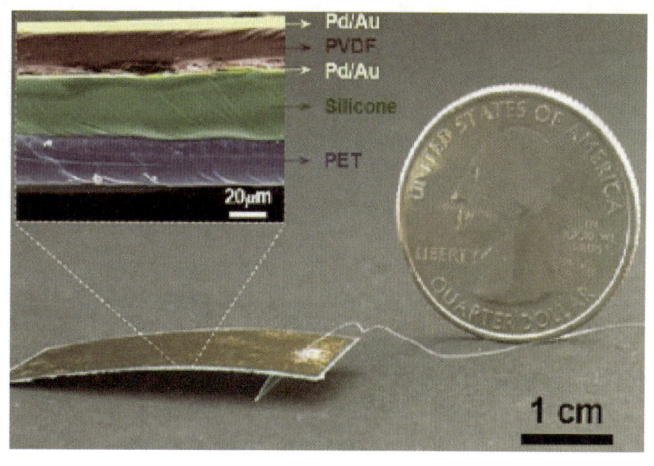

图 1-36　机器蚂蚁　　　　　　　　图 1-37　蟑螂机器人

3. 感知系统

服务机器人的感知系统是指机器人能够自主感知其周围环境及自身状态，按照一定规律做出及时判断，并将判断信息转换成可用输出信号的智能系统。服务机器人感知系统是服务机器人与人类交互信息并采取相应行为的必备基础，通常由各种类型的传感器、测量电路、控制系统、数据处理系统等组成。图 1-38 所示为服务机器人感知系统框图。服务机器人感知系统的各种类型传感器如图 1-39 所示。

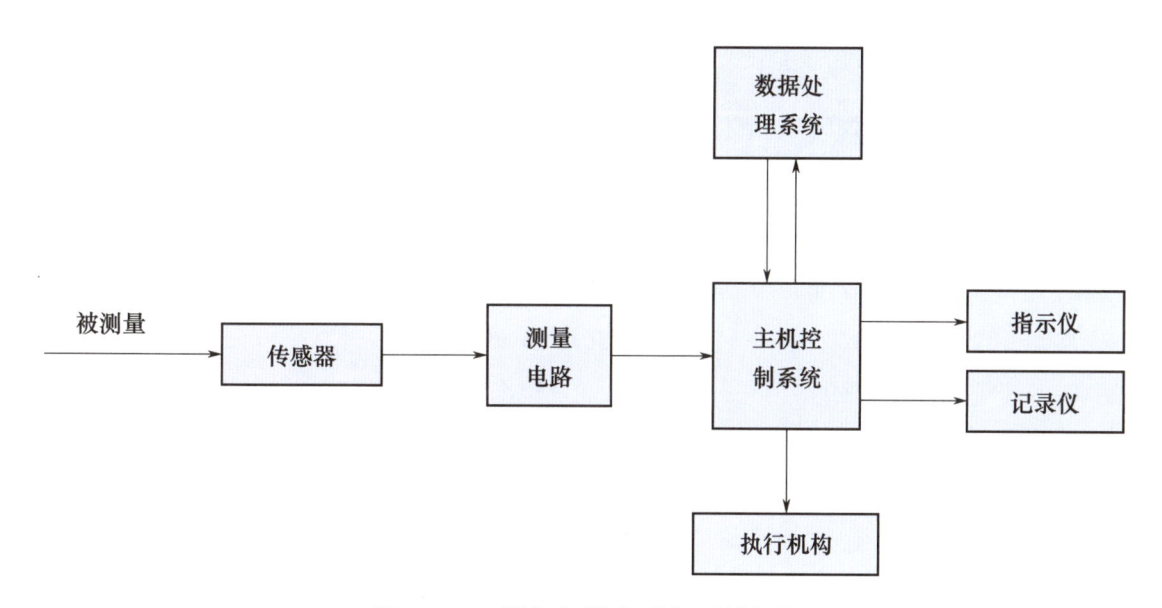

图 1-38　服务机器人感知系统框图

根据传感器在机器人本体的位置不同，一般将机器人传感器分为内部传感器和外部传感器两大类。表 1-4 所示为常用于服务机器人的传感器。内部传感器用于检测机器人各关节的位置、速度等变量，为闭环伺服控制系统提供反馈信息。外部传感器用于检测机器人与周围环境之间的一些状态变量，如距离、接近程度和接触情况等，用于引导机器人，便于其识别物体并做出相应处理。外部传感器可使机器人以灵活的方式对它所处的环境做出反应，赋予了机器人一定的智能，其作用相当于人的五官。

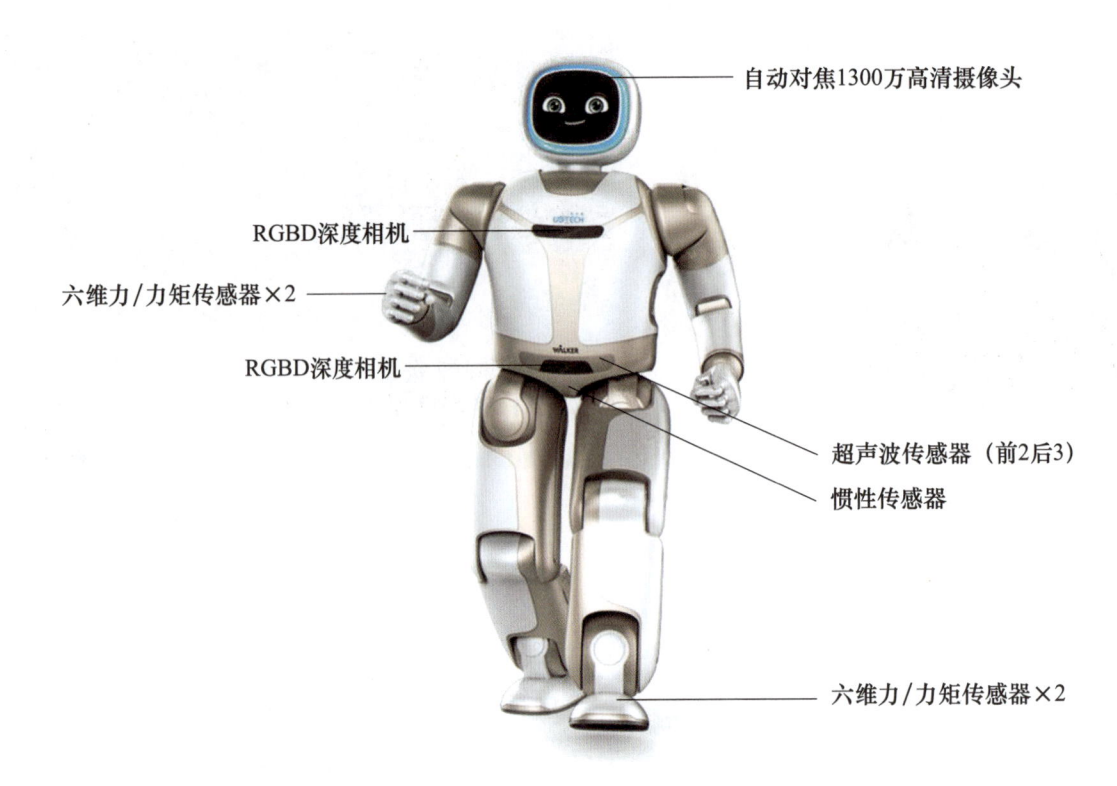

图 1-39　服务机器人感知系统的各种类型传感器

表 1-4　常用于服务机器人的传感器

内部传感器 （用于检测并感知机器人自身的状态）		外部传感器 （用于感知外部环境及环境变化）	
类型	检测功能	类型	感知功能
速度传感器	速度、角速度	视觉传感器	亮度、图像信息
加速度传感器	加速度	听觉传感器	声音信息
角度传感器	倾斜角、方位角	嗅觉（气体传感器）	各种类型气体
力/力矩传感器	力、力矩	力觉传感器	力、力矩
位移传感器	位移	触觉传感器	接触、滑动
温度传感器	温度	热觉传感器	温度
		接近觉传感器	距离
		方向觉传感器	方位角

4. 控制系统

机器人控制系统是以计算机控制技术为核心的实时控制系统，包括硬件结构和软件系统。它的任务是根据机器人所需要完成的功能，结合机器人本体结构和运动方式，实现机器人的工作目标。服务机器人控制系统是服务机器人的大脑，是决定服务机器人功能和性能的主要因素，它的优劣决定了服务机器人的智能化水平和使用的便捷性。不同类型的服务机器人在功能以及硬件组成上有较大的差异，没有统一的标准和规范；因此不同类型的服务机器人在软件系统上往往也具有不同的框架体系。

（1）控制系统的结构形式

机器人控制系统结构通常由机器人功能、机器人本体结构和机器人的控制方式来决定。从机器人控制算法的处理方式来看，可分为串行、并行两种结构类型。

1）串行处理结构。串行处理结构是指机器人的控制算法是由串行机来处理的。对于这种类型的控制器，从计算机结构、控制方式来划分，又可分为单 CPU 结构集中控制方式、二级 CPU 结构主从控制方式以及多 CPU 结构分布式控制方式。

2）并行处理结构。由于机器人控制算法的复杂性及机器人对控制性能的要求不断提高，为满足串行结构控制器中的实时计算要求，需要从控制器本身寻求解决办法。方法一是选用高档微机或小型机；方法二是采用多处理器做并行计算，提高控制器的计算能力。构建并行处理结构的机器人控制器的计算机系统一般采用如下方式：开发机器人控制系统专用的 VLSI、利用有并行处理能力的芯片式计算机构成并行网络以及利用通用微处理器。

（2）控制系统硬件结构

目前，机器人控制系统在硬件结构上普遍采用上、下位机二级分布式结构：上位机负责整个系统的管理、运动学计算、轨迹规划等；下位机由执行控制板、传感器模块、电机驱动模块、电源模块等组成，负责接收上位机的操作信号，输出 PWM 信号到驱动电机，同时控制外围设备正常工作。

服务机器人控制系统的硬件一般包括主机模块、执行控制模块、转接板、配套电源等部分。主机模块包括安卓板或 X86 板、显示器等；执行控制模块由单片机和相应电路板组成，图 1-40 所示是服务机器人执行控制板。单片机负责程序运行，电路板处理输入、输出信号；转接板包括一些端子和继电器，其功能是转接信号；配套电源用于控制系统供电。

图 1-40 服务机器人执行控制板

（3）控制系统软件结构

服务机器人的软件控制系统通常以计算机操作系统 Windows、Linux 等为基础，主要管理用户程序中功能模块的执行和函数调用，为传感器信息和控制信息的传递提供通道，并提供机器人附件和其他扩展接口等中间组件，是最底层和最上层之间联系的纽带。

1.5 服务机器人的应用及其展望

1.5.1 服务机器人技术展望

以人工智能、5G、云计算等为代表的新技术正在飞速发展，并与产业端加速融合，推动机器人的能力边界持续拓展。在非标化应用、复杂场景、多干扰环境等诸多变量的叠加影响下，市场对机器人的需求量、对其综合集成和智能化水平都提出了新的要求。

人工智能技术是服务机器人取得实质性发展的重要引擎，随着深度学习、抗干扰感知识别、听觉视觉语义理解与认知推理、自然语言理解、情感识别与人机交互等关键技术取得突破性进步，服务机器人的认知智能水平将得到大幅提升。

例如，Facebook 人工智能研究团队、卡内基梅隆大学计算机科学学院和加州大学伯克利分校合作，基于深度学习系统，通过算法训练机器人实时适应不同的行走条件，使机器人像生物一样靠肢体感知世界，并靠大脑做出及时应变。汉森机器人公司的人形机器人 Sophia 可以提供教学、娱乐等服务功能，还能与人类交谈。

随着新型材料、高精度控制技术和软件算法的持续突破，仿生机器人的研发创新也迎来了爆发。例如，波士顿动力公司研发的 Atlas 人形机器人已经学会了翻跟头、360° 旋转等动作，四足机器人 Spot 可以基于外接计算模块的程序运行，实现多机的协同舞蹈表演。中电科机器人有限公司和瑞士 ANYbotics 公司联合推出了一款灵活的四足机器人 ANYmal C，移动速度可达 1.5m/s，它不但可以爬上 30° 的斜坡和 45° 的楼梯，还能够穿过 60cm 宽的通道，或在 1m 深的水中浸泡一小时，具备对抗各种恶劣环境的能力，适用于在危险的工业场景中执行相应的动作。

1.5.2 服务机器人应用展望

多技术融合使得服务机器人进一步向各应用场景渗透。在当前复杂场景多技术融合的背景下，服务机器人对应用领域的适应性逐步扩展、产品类型愈加丰富、自主性不断提升，它以满足和服务于行业及消费者需求为根本发展动力，餐饮、配送、清洁、巡检、消毒、环卫、安防、医疗、教育、军事、航天、海洋等应用场景将百花齐放。

未来，服务机器人应用拓展方向将以满足"需求升级、需求替代、需求探索"为目标，展开阶梯式发展。正如优必选科技创始人、董事长兼 CEO 周剑所说："过去十年是服务机器人的储备期，未来十年则是黄金发展期，越来越多服务机器人解决方案将在垂直领域落地应用。"

动手实践

实践任务 1：列出你所知道的服务机器人类型和品牌

一、实践组织

以小组调研讨论 PK 汇报的形式完成任务实践。

二、实践内容

以小组为单位，利用网络、期刊等途径，针对以下主题进行讨论。

主题 1：什么是机器人？机器人的发展历程都经历了什么？

主题 2：什么是服务机器人？服务机器人都有哪些种类？

主题 3：我国的服务机器人厂商有哪些？

主题 4：服务机器人的核心技术有哪些？

主题 5：说一说你眼中的服务机器人是什么样的？

每组利用 15 分钟进行归纳总结，并制作 PPT 对此主题进行分析。每个小组依次派代表进行主题讨论结果演讲，最后由全体同学进行投票，决出优胜小组。

实践任务 2：玩转"多模态人形机器人——悟空"

任务描述	基于前面对服务机器人的概念、种类以及核心技术的学习与了解，我们将依托多模态人形机器人进行服务机器人体验实训，感受服务机器人的智能化和趣味性。		
任务目标	通过玩转"多模态人形机器人——悟空"实践任务，达到以下目标： ①深入了解服务机器人的核心技术、系统组成以及应用场景。 ②认识多模态人形机器人的交互方式，体验多模态人形机器人的运动控制、机器视觉和语音识别等功能。 ③熟练操作多模态人形机器人。		
任务实施	操作环节	操作截图	操作步骤
	（1）操作多模态人形机器人开关机		1）开机操作 将人形机器人"悟空"放在平整的桌面上并摆成蹲下姿势。 长按开机键，直到"悟空"嘴部 LED 灯亮起白色即可松手。 开机需等待 60 秒左右，当人形机器人"悟空"说："我已经准备好了。"后可开始使用。 首次开机后，可根据人形机器人"悟空"提示进行设置。 2）关机操作 长按电源键 3 秒，直到人形机器人"悟空"提示关机；或对人形机器人"悟空"说："悟空悟空，关机。"

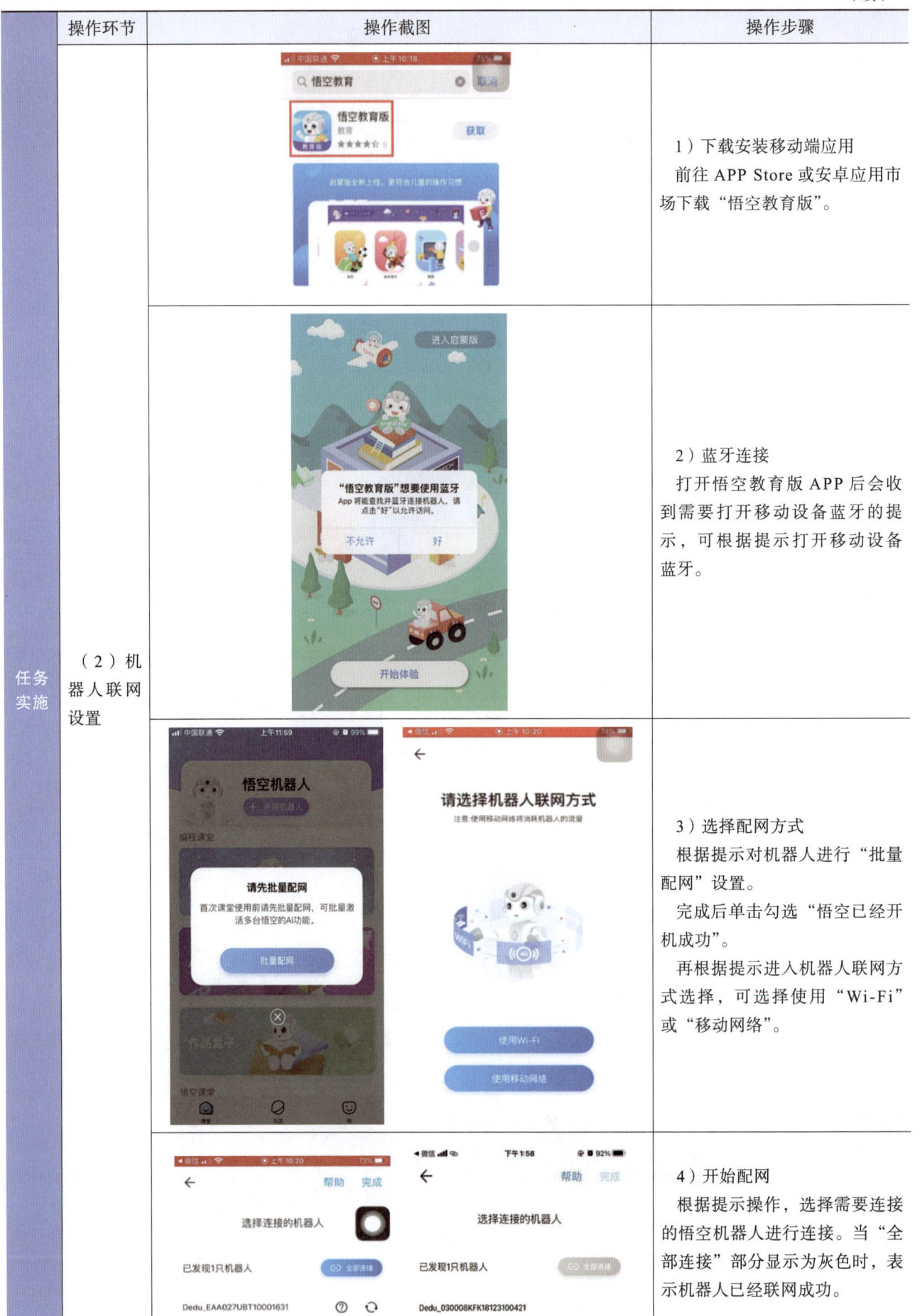

（续）

操作环节	操作截图	操作步骤
（2）机器人联网设置		1）下载安装移动端应用 前往 APP Store 或安卓应用市场下载"悟空教育版"。
		2）蓝牙连接 打开悟空教育版 APP 后会收到需要打开移动设备蓝牙的提示，可根据提示打开移动设备蓝牙。
		3）选择配网方式 根据提示对机器人进行"批量配网"设置。 完成后单击勾选"悟空已经开机成功"。 再根据提示进入机器人联网方式选择，可选择使用"Wi-Fi"或"移动网络"。
		4）开始配网 根据提示操作，选择需要连接的悟空机器人进行连接。当"全部连接"部分显示为灰色时，表示机器人已经联网成功。

（任务实施）

项目一　初识服务机器人　031

（续）

操作环节	操作截图	操作步骤
（3）连接机器人"悟空"		单击"连接机器人"，在跳转后的页面输入机器人序列号，即输入机器人背部的条形码后四位数。 悟空机器人联网连接成功后，可在悟空教育 APP 界面右上角看到与悟空机器人背部条形码后 4 位一致的数字。
（4）人形机器人"悟空"运动表演		1）舞蹈表演 可通过语音唤醒人形机器人"悟空"进行舞蹈表演，例如，可以对机器人说"悟空悟空，跳个舞吧"，机器人就会开始跳舞表演；也可以通过 APP 中"动作广场"使机器人展示舞蹈。 2）动作表演 可通过语音唤醒人形机器人"悟空"进行动作表演，例如，可以对机器人说"悟空悟空，做十个俯卧撑"，机器人就会开始表演俯卧撑；也可以通过 APP 中"动作广场"使机器人展示动作。
（5）与人形机器人"悟空"互动		多模态人形机器人"悟空"有丰富的互动功能，它能播放海量高品质的无损音乐；它能表演各大热门的流行舞曲及专属舞蹈；它能语音拍照；它还支持查询最新新闻资讯、体育赛事等。

任务实施

（续）

操作环节	操作截图	操作步骤
任务实施	（6）对人形机器人"悟空"进行自定义功能训练 ①添加技能　②设置指令 ③设置行为　④技能训练	人形机器人"悟空"可以自定义设置语音指令和行为，让"悟空"听到语音指令即执行相对应的行为，具体操作步骤如左图所示。
	（7）对人形机器人"悟空"进行AI编动作	1）编导"晃脑袋"动作 ①进入动作编导界面。 单击"AI编动作"，进入动作编导界面。 ②操纵关节。

(续)

操作环节	操作截图	操作步骤
任务实施 （7）对人形机器人"悟空"进行AI编动作		人形机器人"悟空"有6个关节，分别设在"头部""腰部""左臂""右臂""左腿"和"右腿"的位置。选中"头部"即可自由操纵"头部"的角度。 将"头部"移动至正中间位置，按下"添加"，时间1.0秒； 将"头部"移动至最左侧位置，按下"添加"，时间1.0秒； 将"头部"移动至最右侧位置，按下"添加"，时间1.0秒； 将"头部"移动至正中间位置，按下"添加"； 添加完成后，即可看到编"晃脑袋"动作界面图。 根据屏幕提示，开始执行动作，执行过程中，也可通过按键停止动作。 最后，保存动作，并命令为"晃脑袋"。
		2）编导"挠头"动作 ①进入动作编导界面。 单击"AI编动作"，进入动作编导界面。 ②操纵关节。 选中人形机器人"悟空"的"右臂"，即可自由操纵"右臂"的角度。 将"右臂"移动至正中间位置，按下"添加"，时间1.0秒； 将"右臂"先后移动至头部、头部旁边、头部位置，分别按下"添加"，时间1.0秒； 将"右臂"移动至正中间位置，按下"添加"； 添加完成后，即可看到编"挠头"动作界面图。 最后执行动作演示，并将该动作保存。

📌 项目评价

班级		姓　名		学　号		日　期		
自我评价	1. 能阐述服务机器人的定义、分类及应用场景					□是	□否	
	2. 能阐述服务机器人的发展概况					□是	□否	
	3. 能阐述服务机器人的核心技术、系统组成					□是	□否	
	4. 能列出常见服务机器人类型和品牌					□是	□否	
	5. 能正确操作人形机器人"悟空"的开关机					□是	□否	
	6. 能正确配置人形机器人"悟空"的网络					□是	□否	
	7. 能与人形机器人"悟空"进行互动操作					□是	□否	
	8. 在完成任务的过程中遇到了哪些问题，是如何解决的							
	9. 能独立完成工作页/任务书的填写					□是	□否	
	10. 能按时上、下课，着装规范					□是	□否	
	11. 学习效果自评等级					□优	□良	□中	□差
	总结与反思：							
小组评价	1. 在小组讨论中能积极发言					□优	□良	□中	□差
	2. 能积极配合小组完成工作任务					□优	□良	□中	□差
	3. 在查找资料信息中的表现					□优	□良	□中	□差
	4. 能够清晰表达自己的观点					□优	□良	□中	□差
	5. 安全意识与规范意识					□优	□良	□中	□差
	6. 遵守课堂纪律					□优	□良	□中	□差
	7. 积极参与汇报展示					□优	□良	□中	□差
教师评价	综合评价等级： 评语： 教师签名： 日期：							

📌 项目小结

本项目主要介绍了机器人定义与分类、服务机器人的概念与分类、服务机器人产业现状及发展、典型服务机器人系统组成及核心技术；并通过对多模态人形机器人"悟空"的基本操作，介绍了服务机器人的智能化以及人工智能技术在服务机器人中的应用。

项目习题

一、填空题

1. 我国科学家对机器人的定义是：_____。
2. 中国电子学会结合中国机器人产业发展特性，将机器人分为以下三类：_____、_____、_____。
3. 根据国际机器人联合会（IFR）定义，服务机器人是一种_____或_____工作的机器人，它能完成有益于人类的_____工作，但不包括从事生产的设备。
4. 中国电子学会结合中国机器人产业发展特性，根据服务机器人应用场景细分不同，将服务机器人分为_____、_____和_____。
5. 随着人工智能技术的演进和市场需求的变化与时俱进，服务机器人的发展历程大致可分为_____、_____、_____三个阶段。
6. 服务机器人系统通常由_____、_____、_____和_____组成。
7. 机器人对传感器的三大要求：_____、_____和_____。
8. 服务机器人的运动控制主要有_____系统和_____系统两种实现方式。

二、选择题

1. 机器人的感知功能通常需要通过（　　）来实现。
   A. 传感器　　　　B. 电机　　　　C. 控制器　　　　D. 芯片
2. （多选）除了环境感知技术以外，以下哪些选项属于服务机器人的核心技术。（　　）
   A. 芯片技术　　　B. 运动控制技术　　C. 操作系统技术　　D. 人机交互技术
3. 服务机器人的机械系统通常包括（　　）和行走机构等部分。
   A. 机身、手臂、手腕、手（手爪）　　　B. 基座、关节
   C. 传动机构、驱动装置　　　　　　　　D. 机身、基座、立柱、机械手
4. 以下哪些属于服务机器人的外部传感器。（　　）
   A. 速度传感器　　B. 角度传感器　　C. 位移传感器　　D. 视觉传感器
5. （多选）服务机器人的软件控制系统通常以计算机操作系统（　　）等为基础。
   A. ROS 和树莓派　　B. Android　　C. Windows　　D. Linux

三、简答题

1. 我国《机器人分类》（GB/T 39405—2020）标准文件中对机器人的定义是什么？
2. 服务机器人的发展经历了哪三个阶段？
3. 简述多模态人形机器人"悟空"的硬件功能和软件功能有哪些。

项目二
认识个人/家用服务机器人

【项目导入】

随着社会经济的进步以及机器人技术的日益成熟，个人/家用服务机器人将是继个人计算机之后又一新兴产业，将以超规模速度走向家庭，具有广阔的市场空间。个人/家用服务机器人的一个很重要的定义就是服务于人类，包括家务需求、小孩教育、家庭陪伴等。它面向千家万户，需求市场十分广阔。图2-1所示为家用服务机器人做早餐。

图 2-1 家用服务机器人做早餐

学习目标

1）了解个人/家用服务机器人的定义、分类和发展历程。
2）了解家政服务机器人的典型案例和应用。
3）了解教育服务机器人的典型案例和应用。
4）了解开源人形双足教育机器人的基本功能。
5）能够简单操作开源人形双足教育机器人。

知识链接

2.1 个人/家用服务机器人简介

2.1.1 定义与分类

个人/家用服务机器人，又叫个人/家庭服务机器人，指能够代替人完成家庭及个人服务工作的机器人，这类机器人的组成一般包括行进装置、感知系统、控制系统、执行装置、存储装置、交互装置与服务功能装置等。这类机器人的操作使用通常不要求使用者具备机器人相关的专业知识与技能。

图2-2所示为部分个人/家用服务机器人。按其使用用途和应用场景不同，个人/家用服务机器人可分为家政、教育、娱乐、养老助残、安防监控等类型；根据这些功能细分，结合用户需求和不同价值基础，个人/家用服务机器人又可分为家政服务机器人和教育服务机器人。

a) 家政机器人　　b) 娱乐机器人　　c) 安防监控机器人

图 2-2　部分个人/家用服务机器人

按照智能化程度和用途的不同，个人/家用服务机器人还可以分为初级小家电类机器人、幼儿早教类机器人和人机互动式个人/家用服务机器人。

个人/家用服务机器人（以下简称"家庭服务机器人"）主要在家庭及办公环境中工作，不仅需要自主完成工作，还需要与人共同协作完成任务或在人的指导下完成任务。因此，它通常具有能够针对特定对象完成有益于人类服务工作的智能化、交互性、综合性、适应性等特点。

2.1.2 发展概况

1. 发展历程

国外最早出现的家庭服务机器人是日本索尼公司于1999年推出的宠物机器人爱宝。21世纪初，家用机器人规模又有了爆发式的增长。发达国家陆续推出了很多家庭服务机器人产品，极大地满足了市场需求。

2002年，美国IRobot公司推出了家用清洁机器人Rcombam，用于自动清扫和清除家庭中的各类垃圾、灰尘，并以相对低廉的价格赢得了消费者的喜爱。

2004年，韩国的SK公司推出了一款安保机器人Mastitech，它可以检测到失火、煤气泄漏等紧急情况，并把相关资料发送至主人手机，并且可以接受主人的指令进行现场紧急操作。同时，韩国把家庭服务机器人列为21世纪国家经济十大引擎产业之一，希望通过持续创新，让韩国家庭服务机器人跻身世界三强，提升韩国公司在家庭服务机器人领域的市场份额。

我国在20世纪90年代中后期开始研究服务机器人的相关技术，与一些发达国家相比起步较晚，但发展迅速。受益于国家政策扶持、信息技术与人工智能技术的发展，2005年前后，国内服务机器人市场开始初具规模。2011年以来，我国家庭服务机器人企业数量逐年递增，截至2022年4月底，家庭服务机器人企业数量达到355家。目前，我国家庭服务机器人的种类包括扫地机器人、炒菜机器人、教育机器人、家庭陪伴机器人、智能玩具机器人等。

2. 市场规模及增速

近年来，在国家政策支持、居民收入提高、社会需求增长、相关技术进步等多重背景下，我国家庭服务机器人行业得到了快速发展，市场规模实现逐年增长。据《2021年中国家庭服务机器人行业研究报告》，目前中国家庭服务机器人渗透率仅为4.3%；2013年，中国家庭服务机器人行业市场规模仅9.6亿元；到2020年，国内家庭服务机器人行业市场规模达到114.6亿元，复合年增长率高达42.5%。家庭服务机器人成为服务机器人行业的重要品类。中国家庭服务机器人市场规模变化情况如图2-3所示。

图2-3 中国家庭服务机器人市场规模变化情况

数据来源：深圳市人工智能行业协会

未来，随着家庭服务需求的不断增长以及机器人软、硬件技术的持续提升，以地面清洁机器人为代表的家庭服务机器人行业仍有广阔的市场增长空间。深圳市人工智能行业协会预计，2023年中国家庭服务机器人行业市场规模有望超过180亿元。

3. 发展前景

为促进家庭服务机器人行业的发展，国家各部门陆续出台了《关于促进机器人产业健康发展的通知》《关于促进老年用品产业发展的指导意见》等政策，支持家庭服务机器人的研发和应用。

随着我国中老年群体人口持续增长，社会老龄化日益加剧，预计2030年全国养老产业规模将达22.3万亿元。2050年的中国老年市场、养老产业有望达到48.52万亿元和21.95万亿元，老年市场、养老产业将分别以9.74%和11.48%的年增长率高速发展。在这样的大环境下，国内养老陪护机器人市场未来5年预计会呈现明显上升态势。

或许在不久的将来，家庭服务机器人将会像手机一样走进千家万户，成为人们生活中的助手或管家，为人们提供更加轻松、舒适的居家环境。

2.1.3 核心技术

家庭服务机器人的核心技术包括人机交互、导航及路径规划、多机器人协调、人工智能、云计算等，具体涉及语音、语义、处理器、算法、通信、大数据、物联网等相关技术，以实现家庭服务机器人的自主性、适应性、智能性。

1. 环境感知技术

环境感知就是利用各种传感器采集环境信息，并将信息传输给家庭服务机器人决策模块进行分析和处理的技术。环境感知技术为家庭服务机器人提供了定位建图、路径规划、运动控制的依据。

2. 定位建图技术

SLAM（Simultaneous Localization and Mapping）即同步定位与地图构建，是解决家庭服务机器人在未知环境中通过传感器采集信息，确定自身具体位置和姿态并构建其所探索环境的地图，从而实现自主移动的方法。SLAM是家庭服务机器人实现自主化的重要技术。

如图2-4所示，经典SLAM框架一般分为传感器数据、前端里程计、后端优化、回环检测、地图构建五个子模块。具体而言，传感器采集环境信息获得数据；数据输入前端里程计，前端里程计部分实现对位姿的估算，形成局部地图；后端优化前端里程计测得的不同时刻的位姿，尽量减少累积误差；回环检测通过前后信息对比来判断家庭服务机器人走过的位置是否重合，如果位置重合则将信息反馈至后端；最后，根据前述步骤分析得出家庭服务机器人的运动轨迹并建立地图。

图 2-4 经典 SLAM 框架

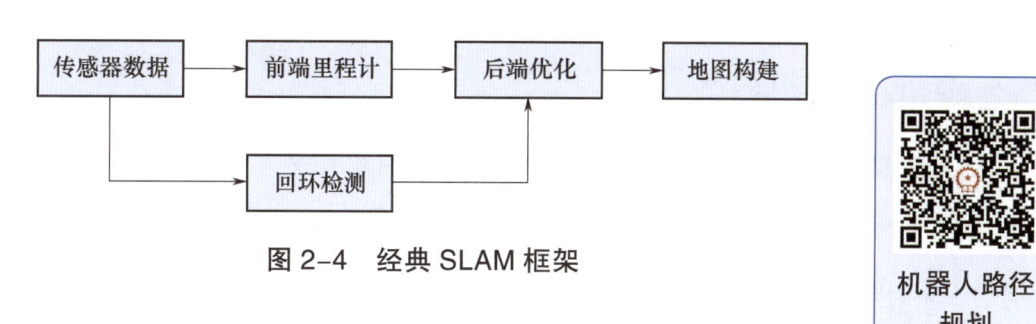

3. 路径规划技术

路径规划技术是根据选择路径最短、运算时间最短等指标，选择一条最优或次优的避障路径。路径规划的本质问题是在几个约束条件下求出最优解。根据环境信息的已知程度，路径规划方法可以分为两种类型：第一种是全局路径规划，第二种是局部路径规划。全局路径规划是指在已知环境信息的情况下规划行走路线，局部路径规划则是指在未知或部分未知环境信息的情况下规划行走路线。目前国内家庭服务机器人市场以全局规划类产品为主。

家庭服务机器人要在家居环境中完成路径规划，不仅要考虑到静态障碍物，同时还要考虑到动态障碍物，单一的路径规划方式在复杂多变的场景中会呈现出明显的不足。因此，基于复杂场景下的融合路径规划技术仍是当前家庭服务机器人发展的主要关键技术。表 2-1 所示为不同路径规划的比较。

表 2-1 不同路径规划的比较

类型	全局路径规划	局部路径规划
区别	完全知道环境信息	完全未知或部分未知环境信息
优点	对机器人系统实时计算能力要求不高；规划结果是全局的、较优的	对环境信息的误差和变化鲁棒性好
缺点	对环境信息的误差和变化鲁棒性差	对机器人系统实时计算能力要求高；规划结果可能不是最优的，甚至找不到正确路径
算法	Dijkstra（D*）算法、A*算法、自由空间法、可视图算法、单元分解法、快速随机搜索树算法等	D*算法、动态窗口法、LPA*算法、D*Lite 算法、DDPG 算法、TEB 算法等

4. 人机交互技术

人机交互技术指的是为了完成给定任务，人与计算机或机器设备之间以触控、语音、体感、脑机等一种或多种方式进行互动交流的技术。人机交互是家庭服务机器人的重要构成部分，也是人工智能领域的关键技术。良好的人机交互能提升家庭服务机器人智能化水平，改善用户体验。

在家庭服务机器人中，目前主流的人机交互方式有：听觉交互、视觉交互、力触觉交互，如：手势识别、表情识别、语音识别、人脸识别、姿态检测以及触摸感应等。随着技术的不断发展及其应用的日益广泛，家庭服务机器人的人机交互方式将会越来越多样化。未来，基于语音、体感、脑机等多通道、多模式和多维度的融合交互方式将成为家庭服务机器人人机交互技术的主流。

2.2 家政服务机器人

在家庭服务机器人领域，扫地机器人、擦窗机器人、割草机器人、泳池清洗机器人等产品已实现规模化量产。扫地机器人是家庭服务机器人中家政服务机器人的典型代表。

2.2.1 扫地机器人简介

扫地机器人，又称自动打扫机、智能吸尘器、机器人吸尘器等，是智能家电的一种，是具备自主清洁能力的服务类机器人，它由清洁模块和自主导航模块组成。其中，清洁模块在技术原理上沿用了吸尘器的结构，和传统吸尘器并无本质区别。

所以，扫地机器人一方面是机器人产业链向家电行业渗透的产品；另一方面，从家电角度出发，扫地机器人是一个超级智能版的吸尘器。图 2-5 所示为扫地机器人。

图 2-5 扫地机器人

2.2.2 扫地机器人发展史

1. 第一代：扫地机器人的诞生

世界上第一台智能扫地机器人于 1996 年诞生于瑞典，由家电巨头制造商伊莱克斯制造，该机器人名为"三叶虫"。"三叶虫"扫地机器人如图 2-6 所示。

与传统手持吸尘器不同，"三叶虫"采用了仿生技术——超声波，它模仿在黑暗中飞行的蝙蝠，利用超声波的反射来判断障碍物并绕开。"三叶虫"采用位于机器后部的单滚刷及无边刷设计，拥有无电自动回充防跌落的功能。当时计算机技术尚未成熟，其运算速度较慢，不能及时对信号产生动作。它的移动速度缓慢，再加上其身体厚度大，高达 13cm，不能进入家具底部进行清扫，这便是初代扫地机器人的弊端。

图 2-6 "三叶虫"扫地机器人

第二代"三叶虫"加入了红外传感器，但是没有下视探头，所以只能在水平方向上规避障碍。它需要通过在楼梯尽头和房门处贴上磁条作为虚拟墙来防止跌落。2001 年，"三叶虫"进入量产，但其价格高昂、机器厚重、清扫效率低等问题导致市场反响不佳，从而难以走入大多数家庭。

2. 第二代：随机式清扫时代

2002 年，美国科技公司 iRobot 推出了第二代扫地机器人，名为 Roomba（见图 2-7）。Roomba 扫地机器人采用了"边刷+滚刷+吸尘口"的三段式清扫结构设计，这是扫地机器人发展史上的里程碑式设计。相对于其他二段式清扫结构的产品来说，三段式清扫结构在边刷与吸尘口之间增加了一个 V 形滚刷，清洁能力有所提高。但是由于当它碰到障碍物时，会自行改变方向，因此导致覆盖率低，清扫不彻底；同时噪声大和吸力弱也是该款机器人的缺点。

3. 第三代：随机式清扫时代——灯塔定位

为了解决随机式扫地机器人严重漏扫的问题，2004 年，美国 iRobot 公司推出了一款利用灯塔辅助定位的扫地机器人，名为 iRobot Roomba 880（见图 2-8）。该款扫地机器人通过接收灯塔发出的信号，判断其自身与灯塔之间的距离，从而实现无死角清扫的目的。这种定位技术虽然大大提高了机器人清扫的覆盖率，但对灯塔摆放位置、灯塔数量提出了较高的要求。

图 2-7　Roomba 扫地机器人

4. 第四代：规划式清扫时代——摄像头定位

2008 年，具有摄像头定位功能的规划式清扫机器人诞生（见图 2-9）。该类型扫地机器人利用摄像头扫描周围环境，通过红外传感器和数学算法来测绘出环境地图，从而达到导航清扫的目的。同时，该类型扫地机器人还具有自动回充功能。但由于存在对环境光线要求高、价格昂贵等弊端，使其难以在普通消费者中普及。

图 2-8　iRobot Roomba 880 扫地机器人　　图 2-9　摄像头定位规划式清扫机器人

5. 第五代：规划式清扫时代——激光扫描定位

2010 年，罗技鼠标的创始人贾科莫·马里尼，在美国加州硅谷推出了一款使用激光雷达测距的扫地机器人。该款机器人机身装备有一个激光发射器和一个激光接收器。机器人在工作时，通过计算发射器发射光和接收器接收光的时间差，利用光速恒定的原理以及一系列算法，算出障碍物与机器之间的距离，生成 3D 地图，并在此基础上进行规划清扫。因此，也可以说激光扫描定位是扫地机器人走向智能化的基础，真正更新换代的一次技术升级。激光导航规划式扫地机器人如图 2-10 所示。

2010年2月，美国Neato公司推出了NeatoXV-11扫地机器人。该扫地机器人使用了可以360°旋转的激光测距仪扫描周围的环境并进行即时定位与环境地图构建（SLAM），并在此基础上进行合理的清扫路线规划，使覆盖率和清扫率均得到了有效提升。此外，该扫地机器人还能实现断点式清扫，当它因电量不足而自动返回充电后，可以从上次返回的断点接着进行清扫工作。

图2-10 激光导航规划式扫地机器人

2.2.3 扫地机器人分类

1. 按清洁系统分类

扫地机器人按照清洁系统可分为单吸口式、中刷对夹式、升降V刷式三类。

单吸口式：单吸口式扫地机器人设计相对简单，它只有一个吸入口，这种清洁方式对地面的浮灰有用，但对桌子下面久积的灰尘及静电吸附的灰尘清洁效果不理想。

中刷对夹式：中刷对夹式扫地机器人主要通过一个胶刷和一个毛刷相对旋转夹起垃圾，该种清洁方式对大的颗粒物及地毯清洁效果较好，但对地面微尘处理稍差。

升降V刷式：升降V刷式扫地机器人采用了升降V刷浮动清洁，可以更好地将扫刷系统贴合地面环境，相对来说对静电吸附的灰尘清洁更加到位。整个V刷系统可以自动升降，并在三角区域形成真空负压。

2. 按侦测系统分类

扫地机器人按照侦测系统可分为红外传感和超声波仿生技术两类。

红外线传输距离远，但对使用环境有相当高的要求。当遇上浅色或深色的家居物品时它无法进行反射，这会造成机器与家居物品发生长时间的碰撞，从而使家居物品的底部被它撞得斑斑点点。

采用超声波仿生技术的扫地机器人，类似鲸鱼、蝙蝠，采用声波来侦测并判断家居物品及空间方位，灵敏度高、技术成本高。

3. 按清扫路线分类

扫地机器人按清扫路线可分为随机式和规划式两类，两种不同的清扫路线示意图如图2-11所示。

随机式扫地机器人清扫路径通常比较混乱，它通过不断碰撞障碍物来实现路线的重规划。这类扫地机器人清扫过程比较盲目，清扫效果不佳，且容易损坏屋内家具。

规划式扫地机器人增加了导航定位，其算法比随机式扫地机器人要复杂很多。路径规划的合理性决定了扫地机器人的工作效率。

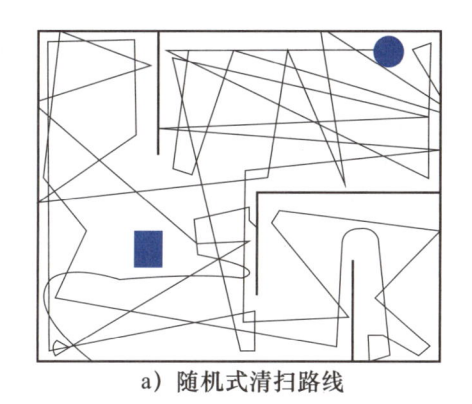

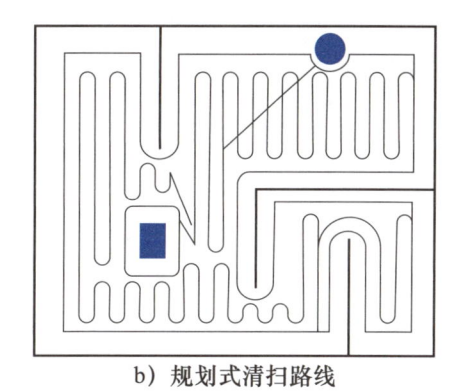

a) 随机式清扫路线　　　　b) 规划式清扫路线

图 2-11　两种不同的清扫路线示意图

4. 按制导方式分类

扫地机器人按照制导方式可分为三类：陀螺仪导航扫地机器人、激光导航扫地机器人和视觉导航扫地机器人，如图 2-12~图 2-14 所示。

图 2-12　陀螺仪导航扫地机器人 　　　　图 2-13　激光导航扫地机器人 　　　　图 2-14　视觉导航扫地机器人

陀螺仪导航扫地机器人：依靠陀螺仪、加速度计等传感器获取位置、速度等信息，受装置的精度影响，陀螺仪导航过程存在误差，且随着时间的推移，误差会不断积累，使其在面积较大的复杂地面环境中，不能很好胜任规划式清扫任务。

激光导航扫地机器人：通过安装在扫地机器人上方的激光发射器和接收器测量设备与环境距离的变化以实现定位，定位比较精确。但在实际使用过程中，该机器人也有不足，如无法探测到落地窗、花瓶等高反射率物体。

视觉导航扫地机器人：视觉导航也叫 V-SLAM，搭载这种定位系统的扫地机器人顶部会有一个摄像头，其复杂的算法让机器人能够通过感知由亮度不同的光点组成的光学图像来进行定位。这些光学影像从不同的角度看起来是各不相同的，通过不断收集这些图像信息，机器人可以在自身构建的地图上进行定位，从而知道哪些位置已经扫过、哪些地方需要清洁。

2.2.4　扫地机器人应用

1. 扫地机器人的组成

扫地机器人作为一种智能家居产品，从结构上来讲一般包括主机、集尘盒、充电座、其他配件等。图 2-15 所示为扫地机器人结构组成图。

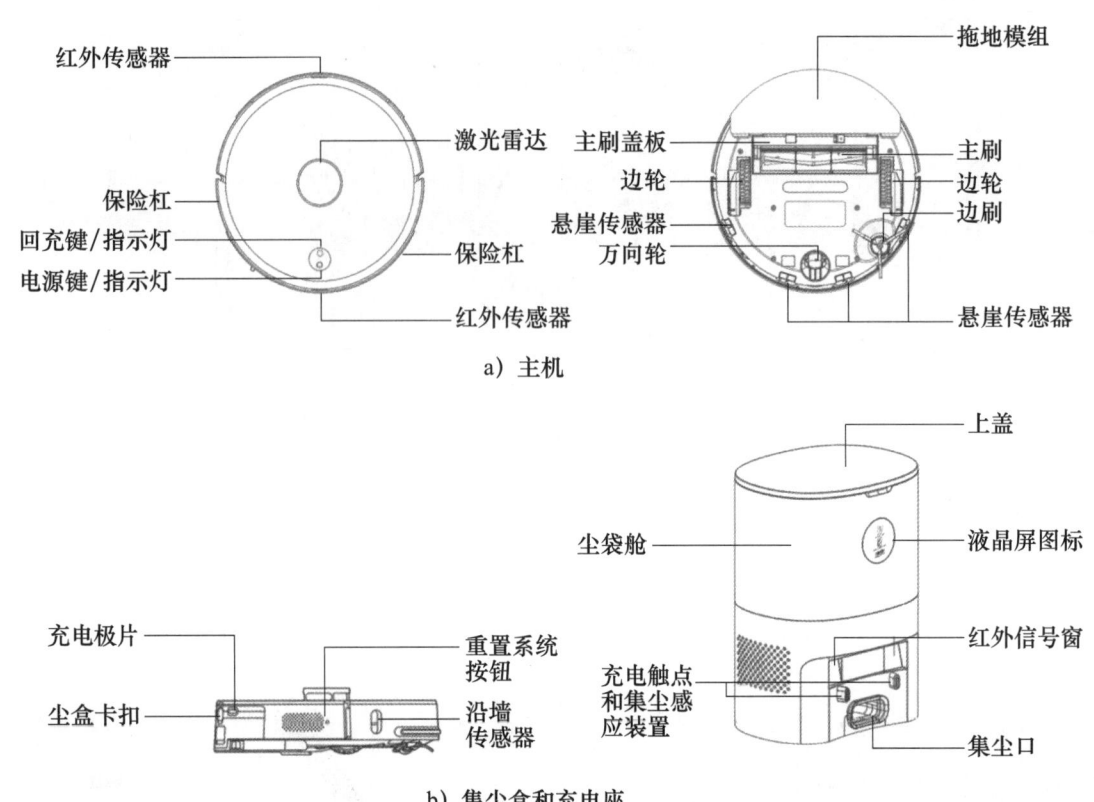

图 2-15 扫地机器人结构组成图

一般来讲，扫地机器人系统主要由以下部分组成。

（1）移动系统

移动系统相当于人的腿，是扫地机器人的主体，它决定了扫地机器人的运动空间。它一般采用轮式结构，有两个动力轮和一个万向轮。其中万向轮的设计用于实现扫地机器人的转弯动作。

（2）感知系统

感知系统相当于人的五官，是扫地机器人的重要组成部分。它一般采用红外传感器、接触式传感器、超声波传感器、视觉传感器等，少部分高端机型使用线扫描激光雷达传感器。

（3）控制系统

控制系统相当于人的大脑，是扫地机器人的核心，主要指控制芯片，它根据算法控制扫地机器人完成清扫工作。

（4）清洁系统

清洁系统一般包括清扫与吸尘系统。它通常由电机带动单个或多个清扫刷，主刷横亘在机器人中部，其主要作用是完成地表的清扫；边刷主要是用于清理墙角和障碍物根部的垃圾。清扫时将灰尘集中到吸风口处，通过强大的吸力将灰尘吸入集尘盒中。

（5）续航系统

续航系统为保证机器人正常运行提供电能。它通常包括电池（可循环充电）、连接部件、充电器、充电座、无线充电模块等。

（6）人机交互系统

人机交互系统可实现扫地机器人与手机 APP 端的连接与控制。它通常包括无线模块、语音模块、指示灯等。

2. 扫地机器人传感器

任何机器人都离不开传感器，机器人要想具备智能行为就必须不断感知外界环境，从而做出相应的决策行为。随着扫地机器人的功能越来越多，智能化水平越来越高，其配置的传感器种类也在不断丰富。目前，扫地机器人常用的传感器有以下几种。

（1）超声波传感器

扫地机器人可利用超声波传感器测距原理来实现避障。超声波信号遇到障碍物时会产生反射波，当这一反射波被接收器接收后，机器人根据超声测距原理，可以精确判断障碍物的远近；同时根据信号的幅值大小初步判定障碍物的大小。

（2）红外测距传感器

利用红外信号遇到障碍物时，距离的不同反射强度也不同的原理，扫地机器人可进行障碍物远近的检测。红外测距传感器具有一对红外信号发射与接收二极管，发射管发射特定频率的红外信号，接收管接收这种频率的红外信号。当红外检测方向遇到障碍物时，红外信号反射回来被接收管接收，经过处理之后，即可用来识别机器人周围环境的变化。

（3）接触式传感器

扫地机器人通常采用电感式位移传感器、电容式位移传感器、电位器式位移传感器、霍耳式位移传感器等接触式传感器，对空间大小、桌椅沙发等物体高度进行测量，以防止机器人钻入家具下方后出不来的情况发生。

（4）防碰撞传感器

扫地机器人的前端设计有约 180°的碰撞板，在碰撞板左右两侧各装有一个光电开关。光电开关由一对红外发射对管组成，发光二极管发射的红外光线通过扫地机器人机身特制的小孔被光敏二极管接受，当机身碰撞板受到碰撞时，碰撞板就会挡住机身特制小孔，阻碍红外线的接受从而向控制系统传达信息。

（5）防跌落传感器

防跌落传感器一般位于扫地机器人下方，主要用于增强扫地机器人在清扫过程时的方向性与防跌落性。这类传感器的作用主要是进行测距，测得扫地机器人与边缘之间的距离。当距离缩短至临界值时，便停止前进或者调转方向，从而实现防跌落的功能。

（6）边缘检测传感器

边缘检测传感器，用于保证机器人在清扫墙边缝隙的过程中，始终和墙保持某固定距离（约 10mm），同时配合边刷高速旋转以便彻底将墙边缝隙的灰尘清理干净。

（7）光电编码器/里程计

光电编码器是扫地机器人位置和速度检测的传感器，扫地机器人的光电编码器通过减速器和驱动轮的驱动电机同轴相连，并以增量式编码的方式记录驱动电机旋转角度对应的脉冲。由于光电编码器和驱动轮同步旋转，利用码盘、减速器、电机和驱动轮之间的物理参数，可将检测到的脉冲数转换成驱动轮旋转的角度，即机器人相对于某一参考点的瞬时位置，这就是所谓的里程计。光电编码器已经成为最普遍的在电机驱动内部、轮轴，或在操纵机构上测量角速度和位置的装置。因为光电编码器是本体感受式的传感器，在机器人参考框架中，它的位置估计是最佳的。

除此之外，扫地机器人中还有常用的如防过热传感器、集尘盒满检测传感器以及电子罗盘和陀螺仪等传感器。这些传感器实现机器人的眼睛、耳朵等功能，对周围环境以及自身模块做到了如指掌，使扫地机器人能正常地工作。

2.3 教育服务机器人

2.3.1 教育服务机器人简介

教育服务机器人，顾名思义是指应用在教育领域的服务机器人，简称教育机器人。随着科技进步和社会发展，教育机器人也越来越多地被关注和研究。目前，教育机器人的定义并无统一定论，概括起来主要包含以下几类观点：一是教具观，该观点认为，教育机器人是设计者结合教育学与机器人学原理，专门为教育领域设计并研发，以培养学生的分析能力、创造能力和实践能力为目标的教学机器人。二是玩具观，该观点认为，教育机器人就是一种典型的数字化智能玩具，通过多样的形式发挥其教育功能，达到"寓教于乐"的目的。三是综合观，该观点认为，教育机器人是指应用于教育教学方面的机器人。本书所介绍的教育机器人与综合观接近，泛指应用于教育教学场景，以辅助教师教学、学生学习为目的的机器人。图2-16所示为人形机器人Alpha Ebot。图2-17所示为小学生在学习教育机器人。

图2-16 人形机器人Alpha Ebot　　图2-17 小学生在学习教育机器人

从学习角度讲，教育机器人是由生产商专门开发的，以激发学生学习兴趣、培养学生综合能力为目标的机器人成品、套装或散件；它除了机器人硬件本身之外，还有相应的控制软件和教学材料等。

教育机器人作为机器人应用于教育领域的代表，结合了机械设计、软件编程、人工智能、语音识别、人机交互、机器视觉等多种先进的技术，对启发学生科学思维有着积极作用。它一般需要具备以下特点：①教学适应性，教育机器人应符合教学使用的相关需求；②适当的开放性和可扩展性，教学者和学习者可根据需要增加相关功能模块，以便进行教与学的自主创新；③友好的人机交互性，且操作界面便捷、易用；④良好的性价比，特定的教学用户群决定其价位不能过高。

2.3.2 教育机器人发展史

国外教育机器人的研究开展较早，在 20 世纪六七十年代，日本、美国、英国等国家就相继在本国大学里开展了对教育机器人的研究。到了 20 世纪七八十年代，发达国家在中小学也进行了简单的机器人教学，并推出了各自的教育机器人基础开发平台。

我国的教育机器人研究开始于 20 世纪七八十年代，在"七五"计划、"863"计划中均有相关的内容。但我国针对中小学的机器人教学起步较晚，直到 20 世纪 90 年代的中后期才得到了初步的发展。

1. 发展早期：技术概念为产品主要卖点

教育机器人市场发展初期，技术受到较多关注，各类搭载人工智能技术（语音交互、图像识别等）的产品层出不穷。但当时的人工智能等技术实际成熟度不够，导致产品新奇性效果大于实际用处，产品在实际应用中解决问题的能力与预期差距较大。

2. 发展中期：低价格与营销为市场主要特征

随着市场逐渐发展，教育机器人领域开始出现大量价格战与营销战，产品同质性高且鱼龙混杂。这种现象不仅消耗了用户的产品信心，同时也导致人工智能技术在教育领域的深度应用探索受到影响。

价格战也导致许多专注于技术研究的公司发展遇阻，技术研发开支受到影响，因此不得不舍弃部分技术开发应用，降低产品性能与价格。

3. 现阶段及未来：技术与教育深度结合，专注细分场景

在现阶段及未来，许多行业内参与者们开始注重教育机器人回归教育本身，着重强调将人工智能等技术与教育的深度结合，注重产品搭载的教育内容以及解决实际问题的重要性。随着科技进步和时代发展的需要，教育机器人也受到越来越多学者的关注，成为国内外研究热点之一，并涌现了一批教育机器人的研究机构，研究方向涉及机器人教学、人机互动和自闭症儿童教育等，并被应用于 STEAM 教育、儿童娱乐教育陪伴和远程控制机器人等方面。教育机器人的未来发展目标，是希望其如同"真人"一般进行思考、动作和互动。人工智能、语音识别和仿生技术等是未来发展教育机器人的基础理论和关键技术，是评估教育机器人实现应用的标准。

2.3.3 教育机器人分类

教育机器人作为服务机器人的细分领域之一，主要应用于在校示教、课程学习、家庭学习等教育领域。根据北京师范大学发布的《2019全球教育机器人发展白皮书》，依据"适用对象"与"应用场域"两个维度，将教育机器人划分为以下12个主要品类，包含了主要应用在家庭、学校教室以及专用场景下的教育机器人等。教育机器人产品主要分类如图2-18所示。

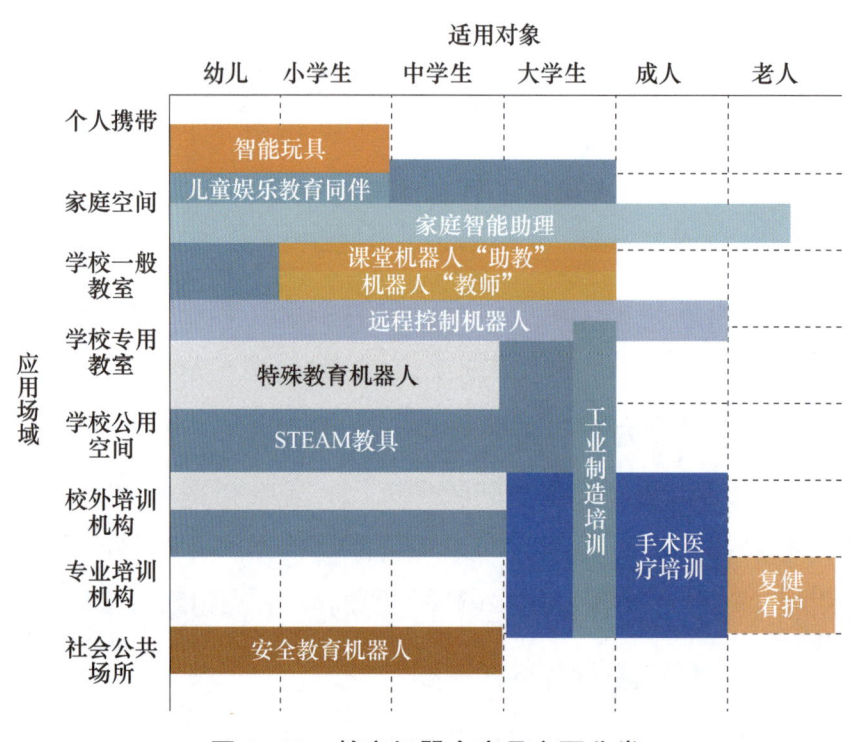

图 2-18 教育机器人产品主要分类

从市场发展现状来看，教育机器人产品的应用主要集中在家庭和学校场域中，如家庭中的智能玩具、儿童娱乐教育同伴、家庭智能助理等；学校一般教室与专用教室的远程控制机器人、STEAM教具等；专用教室或培训机构的特殊教育机器人等；而公共场所的教育机器人产品主要涉及安全教育功能。部分教育机器人产品仍处于概念性阶段，如课堂机器人"助教"、机器人"教师"等，这类产品的功能设计仍需要市场的验证。教育机器人在专业培训中的发展彰显了教育机器人在各领域的应用潜力，如工业制造培训、手术医疗培训、复健看护等。

1. 按产品功能与核心价值分类

结合市场发展现状以及市面上主流教育机器人的产品功能与核心价值，教育机器人可分为通用型和专用型两类。

（1）通用型教育机器人

通用型教育机器人是指能够提供教育、生活、娱乐等多功能用途，满足儿童启蒙教育、看护陪伴、娱乐休闲等需求的产品，主要包括儿童娱乐教育同伴、家庭智能助理、智能玩具等产品类型。该类型机器人产品通过人工智能技术与内容的深度结合,将知识教育场景从课堂拓展到家庭,结合机器人管家服务、日常关怀、规范监督和行为交互,实现儿童教育娱乐的一体化。

(2)专用型教育机器人

专用型教育机器人是指专门为某种教学情境而设计的机器人产品或服务,主要包括课堂实训教学机器人、课堂助教机器人、特殊教育机器人、STEAM教育机器人、医疗手术培训机器人、工业制造培训机器人等产品类型。如,STEAM教育机器人主要满足K12兴趣实践、益智等需求,通过积木式拼装和图形化编程,综合提升人的逻辑、创新、协作和沟通等能力。

2. 按教育适用对象与应用现状分类

根据教育机器人的适用对象与应用现状,教育机器人又可分为面向大学、中小学的学习型教育机器人和比赛型教育机器人。

(1)学习型教育机器人

学习型教育机器人可提供多种编程平台,并允许用户自由拆卸和组合,自行设计某些部件,图2-19所示为积木拼装机器人,图2-20所示为金属拼装机器人。

图2-19 积木拼装机器人   图2-20 金属拼装机器人

(2)比赛型教育机器人

比赛型教育机器人一般提供一些标准的器件和程序,且只能进行少量的改动,以便其参加各种竞赛,图2-21为足球机器人比赛。

为了推动机器人技术的发展,培养学生创新能力,全世界范围内相继出现了一系列的机器人竞赛。国际上常见的机器人竞赛有VEX机器人世界锦标赛、国际奥林匹克机器人大赛(WRO)、FIRST体系赛事(少儿创意赛FLL.Jr、工程挑战赛FLL、科技挑战赛FTC、机器人挑战赛FRC)、世界教育机器人大赛(WER)等。国内常见的机器人竞赛有中国机器人大赛、

图2-21 足球机器人比赛

中国青少年机器人竞赛、全国青少年科技创新大赛、全国大学生机器人大赛（Robocon、RoboMaster、ROBOTAC、机器人创业赛）等。图2-22所示为全国大学生机器人大赛部分赛事。

a）Robocon赛事　　　　　　　　　　b）RoboMaster机甲大师赛

图2-22　全国大学生机器人大赛部分赛事

3. 按教育教学用途和应用目标分类

根据教育机器人在教育教学中应用的目标和方法可以将其分为五大类：机器人学科教学、机器人辅助教学、机器人辅助管理教学、机器人代理（师生）事务和机器人主导教学。

（1）机器人学科教学

机器人学科教学是将关于机器人的知识与技术视为学生学习的内容，在各级各类教育中，通常以一门课程或多门课程的形式，让学生普遍掌握关于机器人的基本知识与技术技能。其主要教育目标有：让学生了解机器人硬件结构、软件工程以及功能应用等方面的知识和技能；使学生能够拼装多种具有实用功能的机器人，并进行机器人程序设计和编写；让学生能够进行机器人及智能家电的使用维护，并能自主开发软件控制机器人等；培养学生对人工智能技术和机器人技术的兴趣，真正认识到机器人对社会进步与经济发展的作用。

（2）机器人辅助教学

机器人辅助教学是指师生以机器人为主要教学媒体和学习工具所进行的教与学的活动。与机器人课程相比，机器人辅助教学的特点是机器人不是教与学的主体，而是一种辅助教与学的工具，即充当助手、学伴等，起到普通教具所不具有的智能化作用。

（3）机器人辅助管理教学

机器人辅助管理教学指机器人在课堂教学、教务、财务、人事等教学管理活动中所发挥的计划、组织、协调、指挥与控制的作用，属于一种辅助教学管理的工具。

（4）机器人代理（师生）事务

机器人代理（师生）事务指机器人具有人的智慧和人的部分功能，能完全代替师生处理一些课堂教学之外的事务，比如机器人代为借书，代为做笔记，或代为订餐、打饭等。学生可利用机器人的代理事务功能，提高学习效率和质量。

（5）机器人主导教学

机器人主导教学指机器人在教学实施中不再是配角，而是成为教学组织、实施与管理的主导者。

2.3.4 教育机器人应用

目前市场上的教育机器人产品越来越多，国内外均涌现了一批优秀的教育机器人产品，如丹麦的乐高机器人，德国的慧鱼机器人，韩国的乐博乐博机器人，我国的能力风暴机器人、悟空机器人、MakeBlock 机器人、大疆创新的机甲大师、格物斯坦机器人等。

此外市场上还出现了一些用于中高职、本科院校教学实训的教学机器人。例如，深圳市越疆科技有限公司推出的一款可以现场演示机器人作画的高精度轻工业级别的教育机器人；深圳市优必选科技股份有限公司推出的开源人形双足教育机器人、智能商用服务机器人教学平台等，可供中、高职学生学习机器人程序设计、机器人应用二次开发等技术。

1. mBot 编程机器人

mBot 编程机器人是 MakeBlock 的明星产品。图 2-23 所示的 mBot 编程机器人是一款入门级的 STEAM 教育机器人，配备有图形化编程软件，非常适合初学者学习 STEM（科学、技术、工程学、数学）领域的知识，体验机械学、电子学、控制系统以及计算机科学的魅力。目前，该产品广泛应用于国内外的中小学校。

mBot 编程机器人在硬件结构方面采用模块化设计，各电子模块与主板接口之间以颜色区分，接线匹配相应颜色即可。该机器人同时拥有丰富的传感器，主板上有 4 个扩展接口，支持连接扩展更多电子模块，学习者可以搭配扩展包或创客空间的 400 多种零件，搭建各种创意作品。

图 2-23　mBot 编程机器人

在软件方面 mBot 编程机器人支持 mblock3 和慧编程两款软件，它可以用积木式的编程方式，轻松将想法变为现实；同时该机器人还支持 Arduino C 语言编程，以满足学习者在编程学习、结构设计、传感器应用、电路设计、人工智能技术应用基础等方面的学习和实践。

2. 机甲大师 RoboMaster S1

机甲大师 RoboMaster S1（见图 2-24）是大疆创新于 2019 年 6 月 12 日发布的首款教育机器人。该款机器人机身配置多达 31 个传感器，可以感知图像、光线、声音、振动等环境信息，它还同时支持 Scratch 和 Python 两种编程语言，可以对机身 46 个可编程部件进行编程。该款机器人秉承寓教于乐的设计理念，为青少年和科技爱好

图 2-24　机甲大师 RoboMaster S1

者搭建了体验人工智能技术的平台。

机甲大师 RoboMaster S1 还设计了多种竞技模式,并且鼓励用户通过学习、研究去编写专属的自定义技能,从而在比赛中将其展示出来。该机器人的设计将原本复杂、枯燥的编程技能,融入有趣的机器人对战中,让青少年更轻松地在玩中学习。

3. 阿尔法蛋机器人

阿尔法蛋机器人是安徽淘云科技股份有限公司(以下简称:淘云科技)打造的儿童智能机器人系列产品。阿尔法蛋机器人将人工智能与儿童教育结合,基于讯飞超脑及淘云 TYOS 系统,搭配海量云端儿童教育内容,致力于为每个孩子提供人工智能学习助手。该机器人围绕不同年龄段儿童的成长特性,设计了科学的内容体系,为孩子提供了精选的成长资源。依托淘云专为孩子定制的人工智能技术,为孩子提供了新的学习方式,提高了学习兴趣和效率;同时,家长可以通过 APP 掌握孩子的学习情况和所听所说,并接收孩子成长所需的推送内容。

2019 年 12 月,阿尔法蛋家族推出了新成员——AI 学习机器人阿尔法蛋 大蛋 2.0,大蛋 2.0 拥有前置双摄功能,其中高清摄像头支持视频通话和视频监控,智能摄像头可以精准识别主流版本语文和英语教材,支持课本指读和查词;也可以准确识别经典绘本和纸质读物上的内容,做孩子阅读的伙伴。当孩子遇到学习难题,只需伸出手指即可问大蛋 2.0,查询字词解释、了解组词、造句、体验英语课文朗读评测等。大蛋 2.0 有助于培养孩子自主学习和阅读的好习惯。图 2-25 所示为阿尔法蛋机器人系列部分产品。

| 阿尔法蛋 大蛋2.0 | 阿尔法蛋 大蛋 | 阿尔法蛋 A10 | 阿尔法蛋 超能蛋 | 阿尔法蛋 金龟子蛋 |

图 2-25 阿尔法蛋机器人系列部分产品

4. 开源人形双足教育机器人 Yanshee

图 2-26 所示为开源人形双足教育机器人 Yanshee(以下简称"教育机器人 Yanshee")。它是深圳市优必选科技股份有限公司开发的一款面向职业院校和普通高等院校学生的开源人形机器人学习平台。开源人形双足教育机器人整体结构框图如图 2-27 所示,它分为上位机和下位机两部分。上位机由树莓派主控板、摄像头及系统软件存储器 SD 卡构成,下位机由舵机控制板、各个传感器模块及 17 个舵机构成,其主要硬件模块功能描述如表 2-2 所示。

教育机器人 Yanshee 采用 Raspberry Pi + STM32 开放式硬件平台架构,拥有 17 个自由度的高度拟人设计，内置 800 万像素摄像头、陀螺仪及多种通信模块，并配套多种开源传感器包，提供专业的开源学习软件；它还支持 Blockly、Python、Java、C/C++ 等多种编程语言学习及多种 AI 应用的学习和开发。

图 2-26 开源人形双足教育机器人 Yanshee

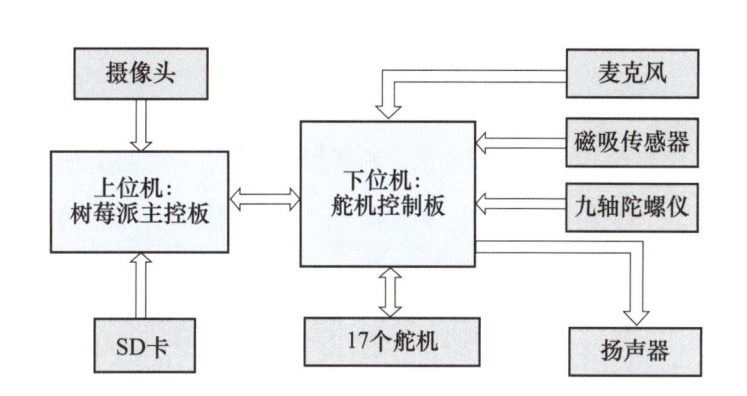

图 2-27 开源人形双足教育机器人整体结构框图

表 2-2 开源人形双足教育机器人主要硬件模块功能描述

序号	模块名称	模块图例	功能
1	上位机树莓派主控板		机器人主控模块，相当于机器人的大脑，用于传递或处理来自各个接口收集的数据。树莓派主控板有体积小、耗电少、接口丰富等有利于嵌入式开发的特点
2	下位机舵机控制板		控制人形机器人的 17 个舵机，通过串口与上位机进行通信，接收机器人姿态控制命令，如打招呼、向前走等
3	摄像头		捕获视频或者照片，挂载在主控制板上
4	麦克风		捕获声音，挂载在舵机控制板上
5	扬声器		播放声音，挂载在舵机控制板上
6	可扩展的红外传感器		是利用红外线的物理性质来测量障碍物距离的传感器，挂载在舵机控制板上
7	可扩展的触碰传感器		检测外界触碰的压力值，挂载在舵机控制板上
8	可扩展的压力传感器		检测压力信号，挂载在舵机控制板上
9	可扩展的温湿度传感器		检测机器人所处的环境的温湿度值，挂载在舵机控制板上
10	SD 卡		系统软件存储器，挂载在主控制板上

动手实践

实践任务 1：列出你所知道的家庭服务机器人类型和品牌

一、实践组织

以小组调研讨论 PK 汇报的形式完成任务实践。

二、实践内容

以小组为单位，利用网络、期刊等途径，针对以下主题进行讨论。

主题 1：什么是家庭服务机器人？家庭服务机器人的类型有哪些？

主题 2：家庭服务机器人的核心技术有哪些？

主题 3：我国的家庭服务机器人厂商有哪些？

主题 4：说一说你眼中的家庭服务机器人是什么样的？

每组利用 15 分钟进行归纳总结，并制作 PPT 对此主题进行分析。每个小组依次派代表进行主题讨论结果演讲，最后由全体同学进行投票，决出优胜小组。

实践任务 2：玩转"开源人形双足教育机器人——Yanshee"

任务描述	基于前文对家庭服务机器人的概念和种类的学习与了解，依托开源人形双足教育机器人进行教育服务机器人的体验实训，感受教育服务机器人的智能化和趣味性。
任务目标	通过玩转"开源人形双足教育机器人——Yanshee"实践任务，达到以下目标： ①深入了解服务机器人的核心技术、系统组成以及应用场景。 ②认识开源人形双足教育机器人的交互方式，体验双足教育机器人的运动控制、机器视觉和语音识别等功能。 ③能熟练操作开源人形双足教育机器人。
任务实施	操作环节 / 操作截图 / 操作步骤

操作环节	操作截图	操作步骤
（1）操作开源人形双足教育机器人开关机	开关机按钮 / 急停按钮	1）开机操作 长按机器人胸前的按钮 2~3 秒，直到指示灯闪烁后松开。当听到机器人的开机问候语后表示开启成功。开启后机器人会说："Yanshee 启动完毕。" 2）关机操作 长按机器人胸前的按钮 2~3 秒，当听到机器人关机提醒"我准备关机了"，松开手即可，机器人会执行关机动作。 3）紧急制动 机器人 Yanshee 头部上方有一个红色按钮，按一下，机器人电源立即断开，全身舵机处于掉电状态。

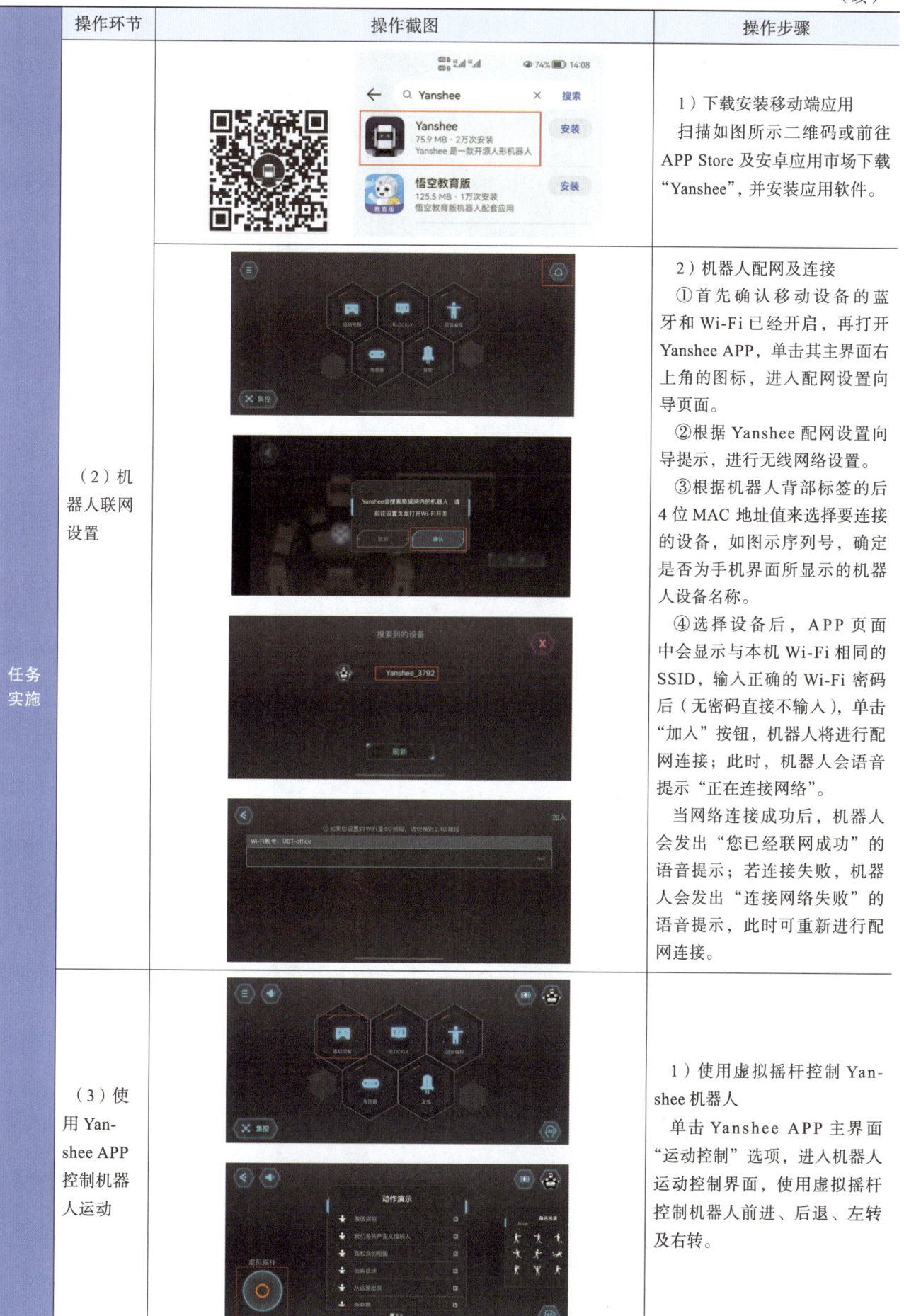

项目二 认识个人/家用服务机器人

（续）

操作环节	操作截图	操作步骤
任务实施 （2）机器人联网设置		1）下载安装移动端应用 扫描如图所示二维码或前往 APP Store 及安卓应用市场下载"Yanshee"，并安装应用软件。 2）机器人配网及连接 ①首先确认移动设备的蓝牙和 Wi-Fi 已经开启，再打开 Yanshee APP，单击其主界面右上角的图标，进入配网设置向导页面。 ②根据 Yanshee 配网设置向导提示，进行无线网络设置。 ③根据机器人背部标签的后 4 位 MAC 地址值来选择要连接的设备，如图示序列号，确定是否为手机界面所显示的机器人设备名称。 ④选择设备后，APP 页面中会显示与本机 Wi-Fi 相同的 SSID，输入正确的 Wi-Fi 密码后（无密码直接不输入），单击"加入"按钮，机器人将进行配网连接；此时，机器人会语音提示"正在连接网络"。 当网络连接成功后，机器人会发出"您已经联网成功"的语音提示；若连接失败，机器人会发出"连接网络失败"的语音提示，此时可重新进行配网连接。
（3）使用 Yanshee APP 控制机器人运动		1）使用虚拟摇杆控制 Yanshee 机器人 单击 Yanshee APP 主界面"运动控制"选项，进入机器人运动控制界面，使用虚拟摇杆控制机器人前进、后退、左转及右转。

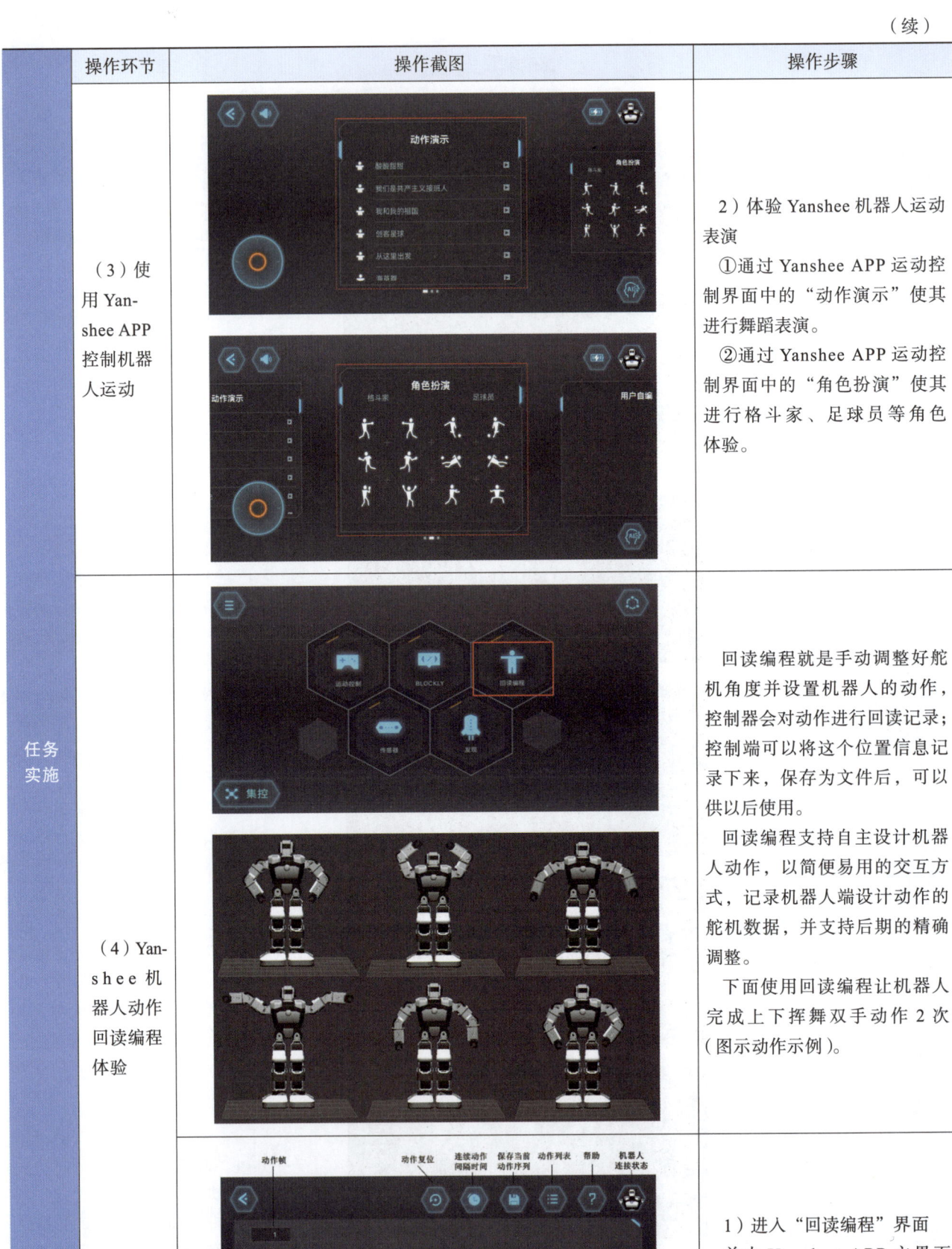

（续）

操作环节	操作截图	操作步骤
任务实施	（3）使用Yanshee APP控制机器人运动	2）体验Yanshee机器人运动表演 ①通过Yanshee APP运动控制界面中的"动作演示"使其进行舞蹈表演。 ②通过Yanshee APP运动控制界面中的"角色扮演"使其进行格斗家、足球员等角色体验。
任务实施	（4）Yanshee机器人动作回读编程体验	回读编程就是手动调整好舵机角度并设置机器人的动作，控制器会对动作进行回读记录；控制端可以将这个位置信息记录下来，保存为文件后，可以供以后使用。 回读编程支持自主设计机器人动作，以简便易用的交互方式，记录机器人端设计动作的舵机数据，并支持后期的精确调整。 下面使用回读编程让机器人完成上下挥舞双手动作2次（图示动作示例）。 1）进入"回读编程"界面 单击Yanshee APP主界面"回读编程"选项，进入机器人回读编程界面，单击"+"进入机器人舵机掉电/上电页面。

项目二 认识个人/家用服务机器人

（续）

操作环节	操作截图	操作步骤
（4）Yanshee 机器人动作回读编程体验		2）选择要掉电的回读肢体 在"机器人舵机掉电/上电"页面，选择要掉电的舵机。这里选择机器人的"左手臂"和"右手臂"，左右两边出现两个闪电符号，代表机器人舵机为掉电状态。
		3）掰动舵机进行回读记录 先摆一个动作（如图示，将机器人左右臂分别往上掰动），进行单次记录，单次记录后，再次改变舵机的状态，再次进行单次记录。舵机状态可参考前文提到的动作示例。用同样的方法，可以重复多次来进行单次记录。
		4）保存动作记录并预览 舵机动作记录完成后，单击界面上的"X"按钮回到动作帧界面，动作帧界面由原来的1帧变为6帧，单击右下方的"预览"，此时可以看到机器人将上述记录的动作全部录入，机器人按照记录进行动作表演。 单击右上方的"保存"按钮，即可保存当前的动作记录。
		5）查看动作列表并分享到机器人端 单击右上方的"动作列表"按钮，在"我的动作"页面查看用户自定义的动作，选择要分享的动作即可将其发送到机器人端。 在Yanshee APP主界面"我的动作"——"回读动作"选项下可查看到用户已发送到机器人端的动作序列文件。

任务实施

项目评价

班级		姓　名		学　号		日　期		
自我评价	1. 能阐述个人/家用服务机器人的定义、分类					□是	□否	
	2. 能阐述个人/家用服务机器人的发展历程					□是	□否	
	3. 能阐述个人/家用服务机器人的核心技术					□是	□否	
	4. 能列出常见家政服务机器人的类型和品牌					□是	□否	
	5. 能正确操作人形双足教育机器人 Yanshee 开关机					□是	□否	
	6. 能正确配置人形双足教育机器人 Yanshee 的网络					□是	□否	
	7. 能使用人形双足教育机器人 Yanshee 进行回读编程操作					□是	□否	
	8. 在完成任务时遇到了哪些问题，是如何解决的							
	9. 能独立完成工作页/任务书的填写					□是	□否	
	10. 能按时上、下课，着装规范					□是	□否	
	11. 学习效果自评等级					□优	□良	□中 □差
	总结与反思：							
小组评价	1. 在小组讨论中能积极发言					□优	□良	□中 □差
	2. 能积极配合小组完成工作任务					□优	□良	□中 □差
	3. 在查找资料信息中的表现					□优	□良	□中 □差
	4. 能够清晰表达自己的观点					□优	□良	□中 □差
	5. 安全意识与规范意识					□优	□良	□中 □差
	6. 遵守课堂纪律					□优	□良	□中 □差
	7. 积极参与汇报展示					□优	□良	□中 □差
教师评价	综合评价等级： 评语： 教师签名： 日期：							

项目小结

本项目主要介绍了个人/家用服务机器人的概念、分类及发展概况，核心技术；通过操作人形双足教育机器人 Yanshee，体验教育服务机器人的智能化以及人工智能技术在教育服务机器人中的应用。

项目习题

一、填空题

1. 个人/家用服务机器人是指_____的机器人，一般包括_____、_____、_____、_____、存储装置、交互装置与服务功能装置等。

2. 家庭服务机器人的核心技术包括_____、_____、_____、人工智能、云计算等。

3. 扫地机器人按照清洁系统可分为_____、_____、_____三类；按照侦测系统可分为_____和_____两类；按清扫路线可分为_____和_____两类；按照制导方式可分为_____、_____和_____三类。

4. 教育机器人是由生产商专门开发的以激发_____、培养_____为目标的_____、套装或散件。

5. 结合市场发展现状以及市面上主流教育机器人产品功能与核心价值，教育服务机器人可分为_____和_____两类。

二、选择题

1. 国外最早出现的家庭服务机器人是日本索尼公司于（　　）年推出的宠物机器人爱宝。
   A. 1999　　　　B. 2002　　　　C. 2004　　　　D. 2008

2. 环境感知技术为家庭服务机器人定位建图、路径规划、（　　）提供依据。
   A. 语音交互　　B. 视觉识别　　C. 触控交互　　D. 运动控制

3. 美国 iRobot 公司于（　　）年推出了家用清洁机器人 Roomba。
   A. 2000　　　　B. 2002　　　　C. 2008　　　　D. 2010

4. 扫地机器人系统主要由移动机构、感知系统、控制系统、（　　）、续航系统和人机交互系统组成。
   A. 行走机构　　B. 语音系统　　C. 导航系统　　D. 清洁系统

5. 世界上第一台量产型扫地机器人是（　　）。
   A. 日立公司的 HCR-00　　　　　B. Electrolux 制造的"三叶虫"
   C. Dyson 研发的 DC06　　　　　D. LG 发布的 Roboking

6. 教育机器人 Yanshee 的硬件平台是（　　）。
   A. Mirco:bit　　B. Arduino　　C. Raspberry Pi　　D. 虚谷号

三、简答题

简述个人/家用服务机器人的定义、分类及发展概况。

项目三
认识医疗服务机器人

【项目导入】

医学、工程学、机器人学的不断突破，大数据及人工智能等技术与医疗领域结合的日渐紧密，消费群体对医疗服务质量需求的不断提升，人们对于高端医疗服务需求的不断提升，使得医疗服务机器人的行业应用成为大势所趋。

医疗服务机器人是基于机器人硬件，将人工智能、大数据等新一代信息技术与医疗诊治手段相结合，在医疗环境下为人类提供必要服务的系统统称。本项目将主要介绍医疗服务机器人的定义、分类和发展概况以及典型案例和应用。医疗服务机器人如图3-1所示。

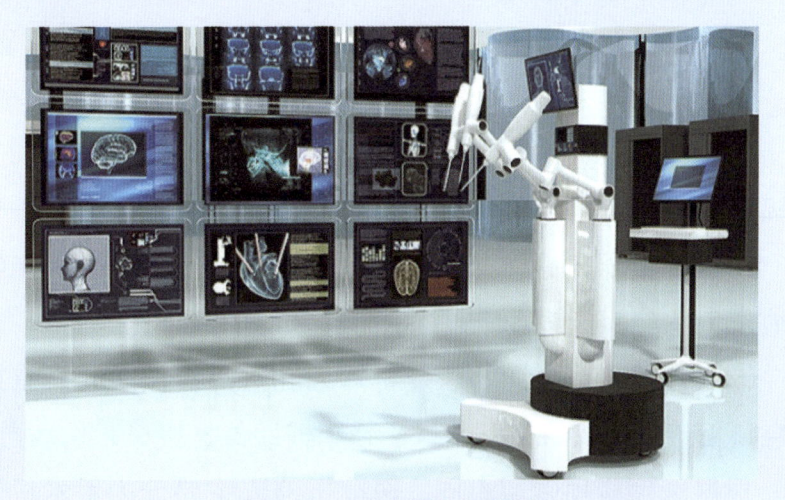

图 3-1 医疗服务机器人

学习目标

1）了解医疗服务机器人的分类以及发展概况。
2）了解手术机器人的典型案例和应用。
3）了解康复机器人的典型案例和应用。
4）了解医疗辅助机器人的典型案例和应用。
5）了解医疗后勤机器人的典型案例和应用。

知识链接

3.1 医疗服务机器人简介

3.1.1 定义与分类

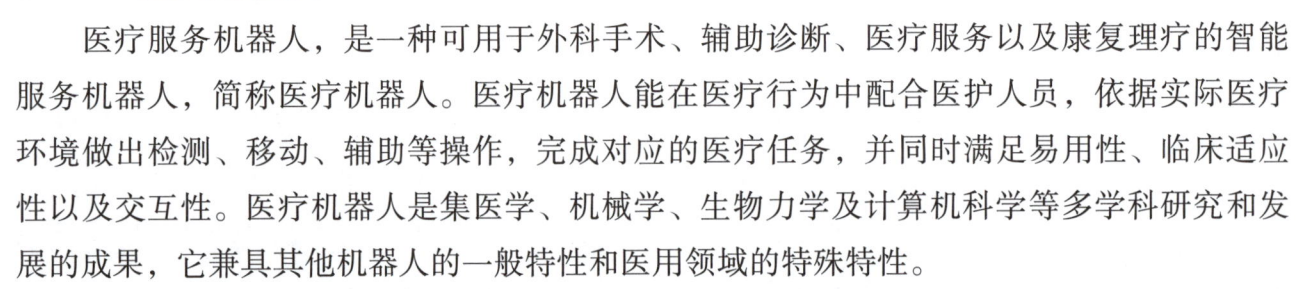

认识医疗机器人

医疗服务机器人，是一种可用于外科手术、辅助诊断、医疗服务以及康复理疗的智能服务机器人，简称医疗机器人。医疗机器人能在医疗行为中配合医护人员，依据实际医疗环境做出检测、移动、辅助等操作，完成对应的医疗任务，并同时满足易用性、临床适应性以及交互性。医疗机器人是集医学、机械学、生物力学及计算机科学等多学科研究和发展的成果，它兼具其他机器人的一般特性和医用领域的特殊特性。

医疗机器人的对象是人（医疗机器人要直接接触病人的身体），因此，除了具备一般机器人本身的两个基本特点外，它还具有选位准确、动作精细、避免病人感染等特点。在血管缝合手术中，人工很难进行小于 1mm 的血管缝合，而使用医疗机器人进行血管缝合手术则可以达到小于 0.1mm 的精度，同时也避免了医生直接接触患者的血液，这将大大减少患者的感染风险。

与其他机器人相比，医疗机器人具有以下特点：
①医疗机器人作业环境一般为医院、街道社区、家庭及非特定的其他场合；
②医疗机器人作业对象是人、人体信息及相关医疗器械；
③医疗机器人的材料选择和结构设计必须以易消毒和灭菌为前提，要做到安全可靠且无辐射；
④医疗机器人性能必须能够适应人体状况的变化，能够柔软地进行手术操作，能够安全地避免危险，能够适应人体的生理和心理需求；
⑤医疗机器人之间、医疗机器人和医疗器械之间具有或预留有通用的对接接口，包括信息通信接口、人机交互接口、临床辅助器材接口、伤病员转运接口等。

根据医疗应用领域不同，医疗机器人主要分为手术机器人、康复机器人、医疗辅助机器人和医疗后勤机器人四种。医疗服务机器人的分类如图 3-2 所示。

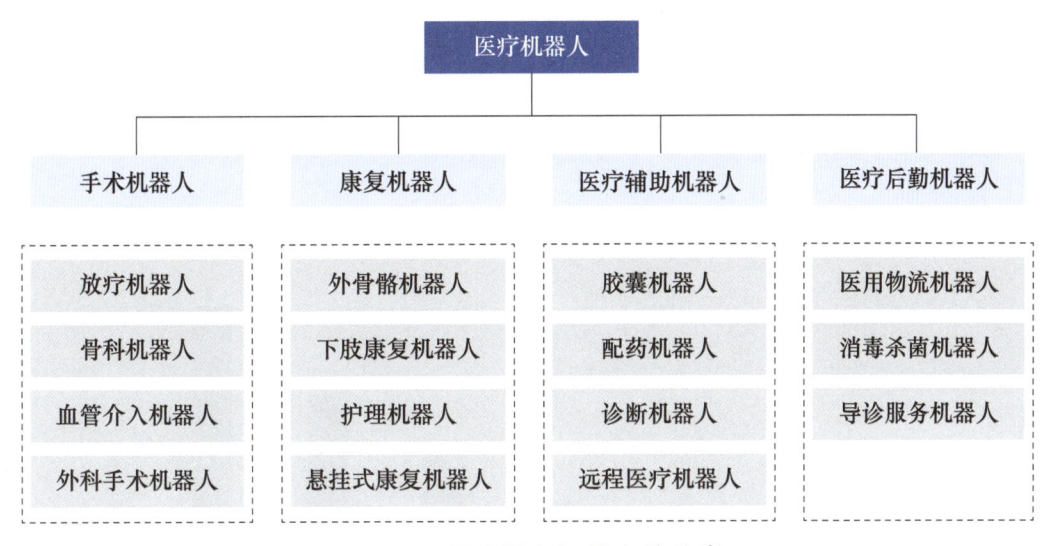

图 3-2　医疗服务机器人的分类

3.1.2　发展概况

1. 发展历程

20 世纪 80 年代，美国 Unimation 公司首次将工业机器人和医疗外科手术相结合，成功完成神经外科活检手术，这标志着医疗机器人发展正式起步。我国医疗机器人相较于欧美国家起步晚，历经了尝试、学习探索、发展三个阶段，逐步走进自主创新。我国医疗机器人发展历程如图 3-3 所示。

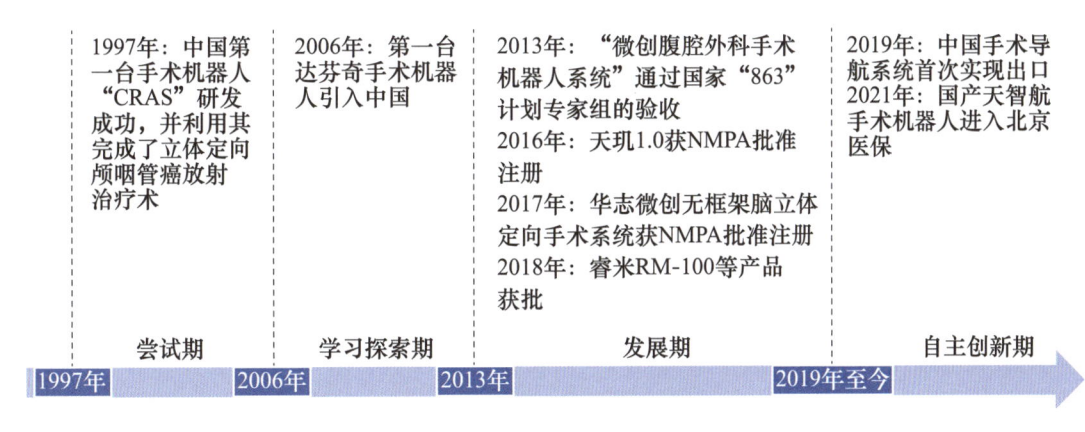

图 3-3　我国医疗机器人发展历程

随着全球机器人相关学科、领域、技术的逐步发展，在基础设施、数据支撑、平台建设、应用材料等方面，医疗机器人作为新技术的融合平台，为机器人产业发展营造了良好的环境。

2. 市场规模及增速

随着人口老龄化加剧，医疗机器人的应用需求逐渐增加，多种不同功能的医疗机器人已被应用。从市场规模来看，当前我国医疗机器人装机分布主要集中在三级甲等综合性医院及部分公立医院，市场普及率处在较低水平，市场规模仅占全球医疗机器人市场规模的约 5%。

据《2023 年中国医疗机器人行业全景图谱》数据显示（见图 3-4），2021 年，我国医疗机器人市场规模达到 79.3 亿元，同比增长 34.01%。初步测算，2022 年我国医疗机器人市场规模为 97.1 亿元。

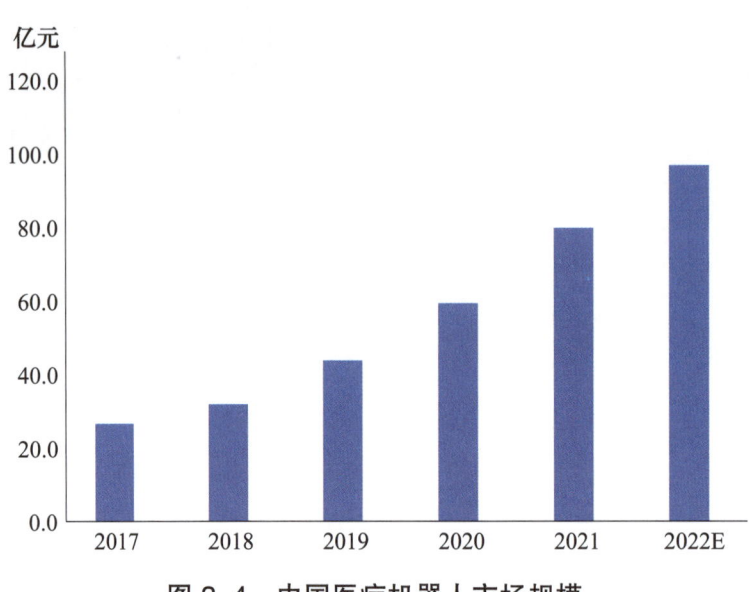

图 3-4　中国医疗机器人市场规模

3. 发展前景

（1）政策推动，医疗机器人迎来市场发展机遇

自 2015 年以来，国家相继发布了一系列重要政策文件以推动中国制造的转型升级，医疗领域作为重要的民生领域，对医疗机器人研发生产的支持也一直是各大政策文件关注的重点。随着利好政策的不断出台，我国医疗机器人产业正进入飞速发展阶段。

2021 年 2 月，工信部发布《"十四五"医疗装备产业发展规划》，提出攻关智能手术机器人，提升治疗过程视觉实时导航、力感应随动等智能控制技术，推进手术机器人在重大疾病治疗中的规范应用。研发融合了临床逻辑思维、传感测控技术、人工智能算法的保健康复装备，发展基于机器人、智能视觉与语音交互、脑机接口、人机电融合与智能控制技术的新型护理装备和康复装备。

（2）人口老龄化促使医疗机器人快速发展

随着我国人口老龄化不断加剧，养老问题日益凸显。据国家统计局数据显示，预计到 2050 年，我国老年人口规模将会达到 5 亿。目前医疗机器人已成为智慧养老模式下的首选养老设备，随着人工智能时代的到来，康复机器人、手术机器人、外骨骼机器人等都将得到更普遍的应用。

（3）前沿技术深度融合推动医疗机器人智能化发展

随着医疗机器人与人工智能、脑机交互、5G 网络、AR/VR、大数据等前沿技术的深入融合，医生与患者之间的交互水平将得到进一步地提升，对数据、物体和环境等的感知也将更精准，医疗机器人智能化发展将得到推动，智能医疗一体化也将得到实现。数字化、智能化将成为医疗机器人未来的重要发展方向。

3.2 手术机器人

3.2.1 手术机器人简介

手术机器人是指融合了多学科和多项高新技术，并应用于手术影像导航定位和临床微创手术的综合化医疗器械。它通常由内窥镜（探头）、手术器械、微型摄像头和操纵杆等器件组装而成。

目前使用的手术机器人是通过无线操作进行外科手术的，即医生坐在电脑显示屏前，通过显示屏和内窥镜仔细观察病人体内的病灶情况，并通过机器人手中的手术刀将病灶精确切除（或修复）。

以目前各国医院使用中的达芬奇手术机器人工作过程为例，机器人只需在病人皮肤表面开一个极小的口，将探头塞进体内，观察到病人病灶所在位置，即可用机器人手中的手术刀将其切除。图3-5所示为达芬奇机器人正在做手术。

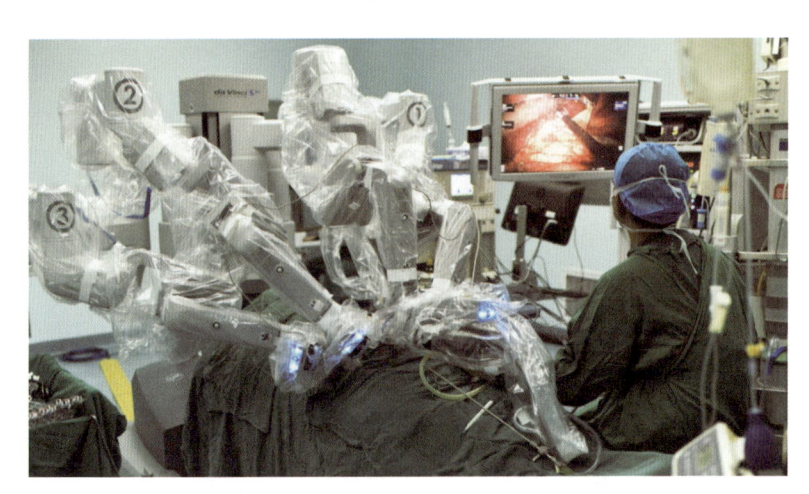

图 3-5　达芬奇机器人正在做手术

此外，手术机器人还可完成器官修补、血管吻合或骨磨削等高精准度的手术。近年来，手术机器人在包括基因移植、神经手术、远程手术等重要手术中均有应用，这大大提高了危重病人的存活率。

3.2.2 手术机器人发展史

机器人在外科手术中的应用起源于1985年的美国，洛杉矶医院的医生使用工业机械臂Puma 560完成了全球首个由机器人辅助的外科手术——机器人辅助定位的神经外科脑部活检手术。二十世纪八十年代末，斯坦福大学研究院（SRI）开展了外科手术机器人的研发，它也是最早进行外科手术机器人研发的机构。此后在1992年，IT公司IBM和加州大学联合推出了全球首个用于骨科手术中关节置换的医疗手术机器人ROBODOC。1995年，Frederic Moll博士创立了全球知名的医疗手术机器人公司——直觉外科公司（Intuitive Surgical），并开启了手术机器人领域的商业化道路，而此时我国才刚刚开始在手术机器人领域的探索，研发制造进度大幅落后。1999年，全球首个可正式应用于手术室中的手术机器人系统达芬奇手术机器人率先在欧洲获批上市，这是一款由美国直觉外科公司研发制造的腹腔镜手术机器人。

2010年，我国上市了首款国产手术机器人。该机器人是由天智航研发制造的骨科手术机器人。此后，我国手术机器人发展进程明显加快，到2022年为止，已上市了9款国产手术机器人产品，其中包含2个骨科手术机器人，5个神经外科手术机器人和1个口腔手术机器人。我国手术机器人以"定位类"机器人为开端，在"操作类"机器人的推广中走向大众，并逐步在更细分的领域中进化升级。

3.2.3 手术机器人分类

1. 按功能分类

手术机器人按功能划分可分为：操作手术机器人和定位手术机器人（见表3-1）。

表3-1 手术机器人按功能分类

分类	操作手术机器人	定位手术机器人
功能	协助医生完成腹腔镜手术的操作	协助医生进行术前规划、术中导航与定位，或自主完成部分手术操作
应用范围	应用于针对软组织的微创手术	应用于骨科、神经外科手术
关键技术	操作手机械结构设计，三维图像建模技术，遥操作网络传输技术，计算机虚拟现实技术等	多模影像的配准融合技术，基于光学、电磁学等的导航技术，路径自动补偿技术等
产品组成	主要由控制台、操作臂、成像系统组成	主要由机械臂、导航追踪仪和主控台车组成
代表产品	达芬奇	ROBODOC

2. 按医疗应用领域分类

手术机器人按医疗应用领域划分可分为：骨科手术机器人、神经外科手术机器人、窥镜手术机器人和血管介入治疗手术机器人（见表3-2）。

表3-2 手术机器人按医疗应用领域划分

分类	骨科手术机器人	神经外科手术机器人	窥镜手术机器人	血管介入治疗手术机器人
功能	高精准定位；辅助医生完成脊柱、关节等假体置换和修复手术	神经系统的精准定位和导航；辅助医生夹持和固定手术器械	通过主操控台、机械臂系统和高清摄像系统辅助医生精确完成微创腹腔镜手术	导管推进系统精确、稳定地完成导管进退和旋转等手术动作，导航系统实现方位跟踪，导管推进中的力反馈系统辅助医生以确保掌握导管与血管壁的互相作用
关键技术	机械系统，影像系统，计算机系统	手术规划软件，导航定向系统，机器人辅助器械定位操作系统	三维高清手术机器视觉系统，仿真机械手，运动控制技术	图像导航系统，机械装置与控制系统，力反馈系统
国外代表产品	（1）MAKO Surgical公司：RIO机器人系统 （2）Mazor公司：Renaissance机器人	（1）Rensishaw公司：NeuroMate机器人系统 （2）Prosurgics公司：Pathfinder机器人系统	（1）Intuitive Surgical公司：达芬奇系统 （2）SOFAR.S.p.A：Telelap ALF-X机器人	（1）Hansen公司：Sensei X力传感系统 （2）Stereraxis公司：Niobe远程磁导航机器人系统

（续）

分类	骨科手术机器人	神经外科手术机器人	窥镜手术机器人	血管介入治疗手术机器人
国内代表产品	（1）天智航公司："天玑"骨科手术机器人 （2）三坛医疗公司："智微天眼"手术机器人	（1）柏惠维康公司："睿米"神经外科手术机器人 （2）华志微创公司："CAS-R-2"型无框架脑立体定向手术系统	（1）思哲睿公司：微创外科手术机器人 （2）金山科技公司：腹腔微创手术机器人	我国国家863项目，海军总医院、北京航空航天大学和北京医院共同合作了我国首例微创血管介入手术机器人动物实验

3.2.4 手术机器人应用

1. 达芬奇手术机器人

达芬奇手术机器人是一种主从式控制的腔镜微创手术系统。该机器人专为外科医生执行腹腔镜、胸腔镜等微创手术而研制，因此又称为内窥镜手术控制系统。目前，达芬奇手术机器人已经发展到第五代。图3-6所示为第五代达芬奇手术机器人。

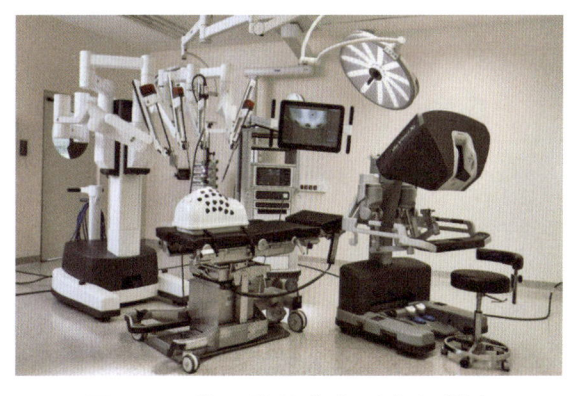

图 3-6　第五代达芬奇手术机器人

图3-7所示为达芬奇手术机器人系统组成。该机器人由床旁机械臂系统、外科医生控制台、三维成像系统三部分组成。达芬奇手术机器人的工作原理如图3-8所示。

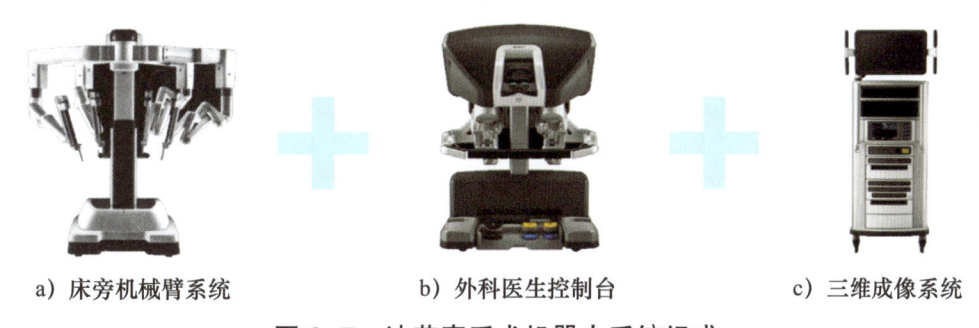

a）床旁机械臂系统　　　b）外科医生控制台　　　c）三维成像系统

图 3-7　达芬奇手术机器人系统组成

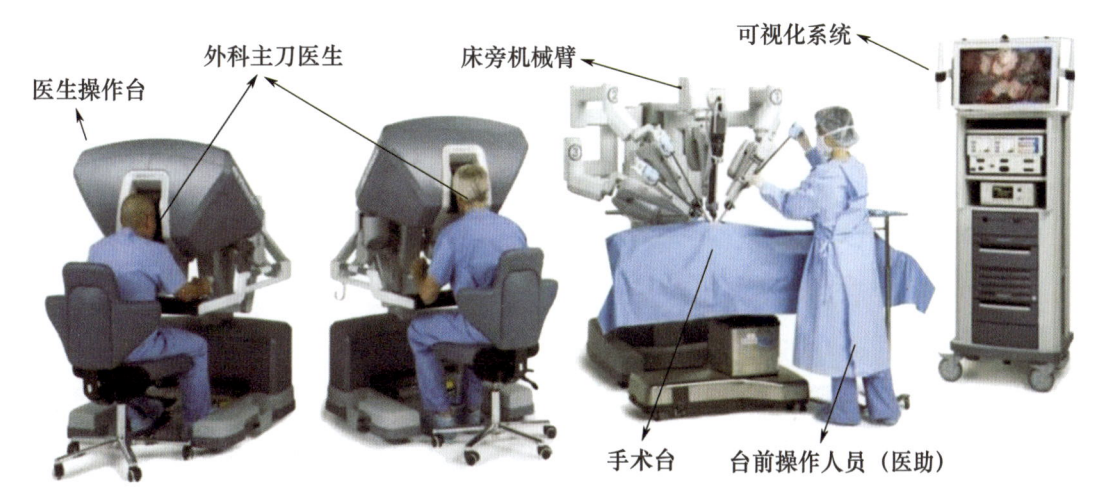

图 3-8　达芬奇手术机器人的工作原理

（1）床旁机械臂系统

床旁机械臂系统是外科手术机器人的操作部件，它具有4个固定于可移动基座的机械臂，底座通过线缆和高可靠性航空插头与控制台相连；中心机械臂是持镜臂，负责握持摄像机系统；其余机械臂是持械臂，负责握持特制外科手术器械。床旁机械臂系统主要功能是为持械臂和持镜臂提供支撑。

助手医生在无菌区内的床旁机械臂系统边工作，负责更换器械和内窥镜，协助主刀医生完成手术。为确保患者安全，助手医生比主刀医生对于床旁机械臂系统的运动具有更高优先控制权。

（2）外科医生控制台

主刀医生坐在控制台中，位于手术室无菌区之外，使用双手（通过操作两个主控制器）及脚（通过脚踏板）来控制器械和一个三维高清内窥镜。正如在内窥镜中看到的那样，手术器械尖端与外科医生的双手同步运动。

（3）三维成像系统

三维成像系统主要由三维内窥镜、摄像机及处理器和显示系统组成，分别位于持镜臂、成像系统和控制台上，用于观察病灶情况并显示于屏幕上。外科手术机器人的内窥镜为高分辨率三维镜头，对手术视野具有10倍以上的放大倍数，能为主刀医生带来患者体腔内三维立体的高清影像，使主刀医生能够真实地感知且清晰地观察到手术部位的解剖结构，把握好操作距离，精准避开手术区域的血管和神经，将外科医生的手部运动转化为患者体内微小器械的小幅度的精确运动，最大限度地保留患者器官和组织的生理功能。

达芬奇手术机器人拥有三大核心技术：可自由运动的手臂腕部 EndoWrist、3D 高清影像技术和主控台的人机交互设计。其中，机械手臂的腕部采用能够提供 7 个自由度的 EndoWrist 技术，可以深入人手无法触及的狭小空间，完成人手无法实现的精细动作。图 3-9 所示为达芬奇手术机器人灵巧的机械手腕。

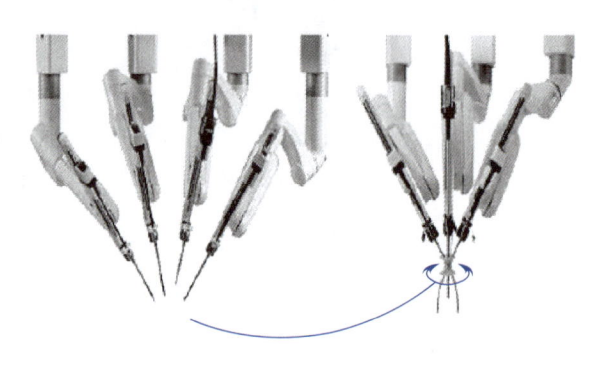

图 3-9 达芬奇手术机器人灵巧的机械手腕

目前，达芬奇手术机器人广泛应用于肝胆、胃肠、妇科、泌尿、心脏、普胸、小儿等外科领域。

2. 骨科手术机器人

骨科手术机器人是手术机器人的一个分支。

骨科手术机器人主要运用于脊柱、膝关节和髋关节等假体置换和修复手术，由精准定位系统和操作系统组成，能有效克服传统手术中遇到的高风险、低精准度、术中辐射和创伤面积大等问题。同时，骨科手术机器人的高精准假体植入能有效降低患者术后产生的疼痛感，并延长植入假体的使用寿命，图 3-10 所示为"天玑"骨科手术机器人辅助腰椎内固定手术。

（1）"天玑"骨科手术机器人系统组成

"天玑"骨科手术机器人目前已发展到第三代。图3-11所示为第三代"天玑"骨科手术机器人组成系统。该机器人由主控台（含手术计划与控制系统）、机械臂、光学跟踪系统和导航定位工具包组成，可通过5大步骤辅助医生完成手术。

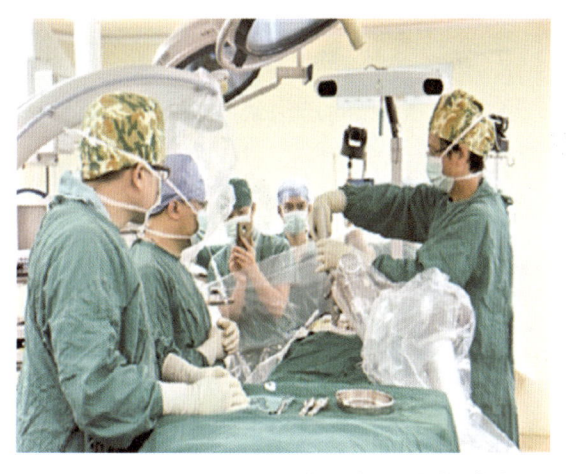

图3-10 "天玑"骨科手术机器人辅助腰椎内固定手术

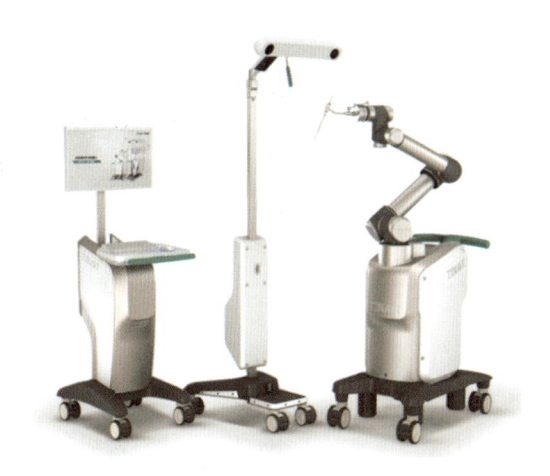

图3-11 第三代"天玑"骨科手术机器人组成系统

1）机械臂。机械臂是机器人的"稳定手"。它运动灵活、操作稳定，能达到亚毫米的精度。

2）光学跟踪系统。光学跟踪系统是机器人的"透视眼"。它不仅透视洞察着肌肉骨骼的每一个深处，还实时监控每一个手术环节。

3）主控台。主控电脑系统是机器人的大脑。它可以帮助医生进行"术前规划"，并智能传达主刀医生的想法给以上两个设备，同时它还可以在术中跟踪患者的移动，并做相应的自动补偿，以保障手术路径与计划路径的高度一致。

（2）"天玑"骨科手术机器人工作原理

"天玑"骨科手术机器人工作原理示意图如图3-12所示。

1）图像采集。医生借助移动式X光射线诊断设备，基于导航定位工具包中的手术定位标尺对患者进行图像采集。

2）图像注册。系统将采集好的图像传送至主控台，系统软件针对配准特征完成自动识别，并在光学跟踪系统的帮助下，确立患者与机械臂的相对位置关系。

3）手术规划。医生操作主控台，使用手术计划与控制软件完成手术路径规划，并在主控台进行模拟测试。

4）自动定位。医生确认手术路径后，主控台按照指令控制机械臂移动，并对手术部位实现精准定位。在手术过程中，主控台通过光学跟踪系统实时监控机械臂与患者示踪器的相对位置关系，实时控制机械臂完成呼吸追踪，有效补偿患者呼吸运动造成的人体位移及手术定位精度波动，确保手术安全。

5）实施手术。医生根据手术机器人的定位，对患者手术部位进行定位测试，借助导航定位工具，精准地完成手术操作，并在手术结束后对手术结果进行验证。

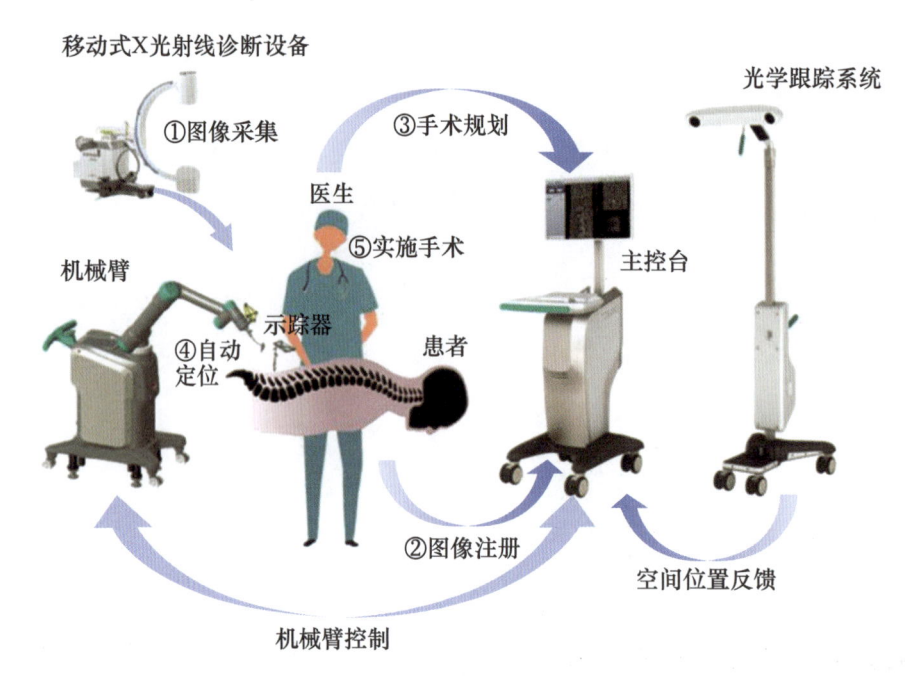

图 3-12 "天玑"骨科手术机器人工作原理示意图

"天玑"骨科手术机器人目前应用于脊柱外科和创伤骨科领域，属于通用型骨科手术机器人。它有效解决了骨科手术体位复杂和入路适配难的临床难题，实现了机器人在颈椎、骨盆、股骨、颈、胸腰椎等部位的临床应用，实现了手术适用范围的多覆盖，即覆盖骨盆、髋臼、四肢等部位的创伤手术及全节段脊柱的外科手术。"天玑"骨科手术机器人的应用优化了患者手术治疗效果，能够为患者提供微创、安全、康复周期短、出血量小的外科手术。

3.3 康复机器人

3.3.1 康复机器人简介

康复机器人是将康复医学、机械学、电子学、控制学、计算机科学以及机器人技术等诸多学科融为一体，可以实现替代或辅助康复治疗师的职能，帮助病患重塑中枢神经系统，协助患者完成肢体动作的医疗器械。图 3-13 所示为自主运动的康复机器人。

图 3-13 自主运动的康复机器人

3.3.2 康复机器人发展史

20 世纪 80 年代是康复机器人研究的起步阶段，美国、英国和加拿大率先开始了对康复机器人的研究。最早实现商业化的康复机器人是由英国 Mike Topping 公司于 1987 年研制的 Handy1，至今已有 30 多年的发展历史。Handy1 有 5 个自由度，残疾人可利用它在桌面高度吃饭。

1991 年，美国麻省理工学院开发出了上肢康复机器人 MANUS。MANUS 是一种装在轮椅上的仿人形手臂，有 6 个自由度，其工作范围可覆盖地面到人站立时可触及的地方，

图 3-14 所示为上肢康复机器人 MANUS。

2000 年，瑞士 HOCOMA 公司研发出了下肢康复机器人 Lokomat，康复机器人由此进入了全面发展时期，产品开始不断革新。

国内康复机器人目前还处于初级发展阶段，还未出现规模较大的康复机器人企业。国内从事康复机器人的企业主要包括埃斯顿、璟和机器人、大艾机器人、傅里叶智能、睿瀚医疗、安阳神方、迈康信、尖叫科技、迈步机器人、程天科技等。但是，近年来我国康复机器人的自主研发能力在逐渐增强，在高端机器人市场也有了一些产品出现，与欧美品牌之间的距离在渐渐缩小。

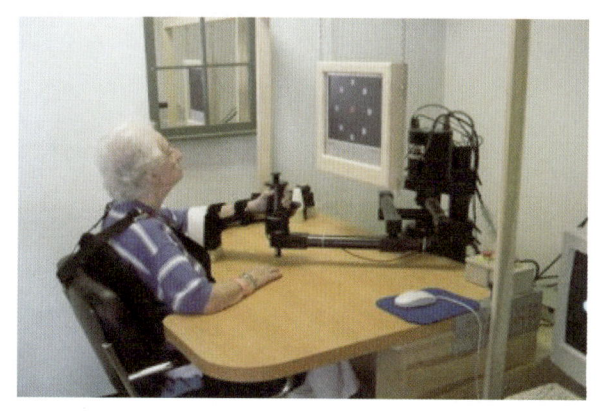

图 3-14　上肢康复机器人 MANUS

3.3.3　康复机器人分类

康复机器人是一种能够辅助人体完成肢体动作，实现助残行走、康复治疗、负重行走、减轻劳动强度等功能的医用机器人，主要应用于患有脊髓脊柱损伤、脑卒中损伤、脑外伤等疾病的残障人士，及患有瘫痪、阿尔茨海默病等疾病的失能及失智人群。

按照针对的肢体部位不同，康复机器人主要可分为牵引式上肢康复机器人、牵引式下肢康复机器人和悬挂式下肢康复机器人。《上海康复机器人路线图研究报告》中将康复机器人按功能康复方式分类，可分为医疗训练用康复机器人和生活辅助用康复机器人，具体又可分为多个小类。图 3-15 所示为康复机器人的分类。

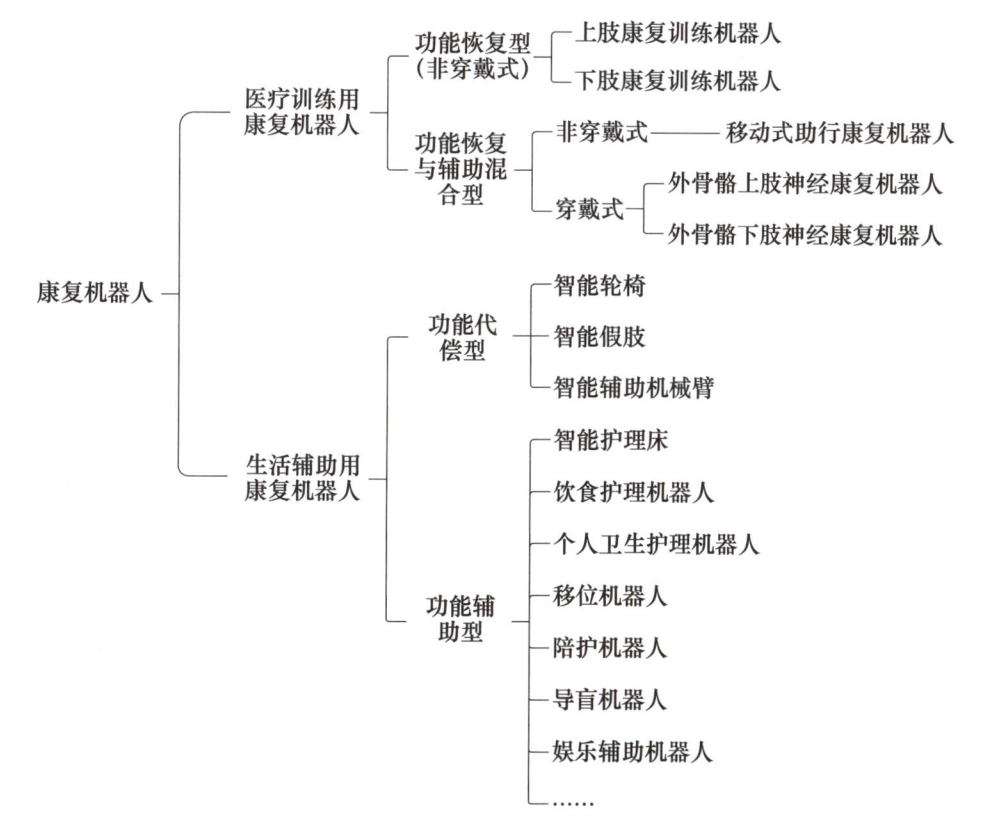

图 3-15　康复机器人的分类

3.3.4 康复机器人应用

1. 外骨骼康复机器人

"外骨骼"一词来源于生物学中昆虫和壳类生物坚硬的外壳。它是一种能对生物柔软内部器官进行构型、建筑和保护的坚硬的外部结构，具有支撑、运动、防护的功能。外骨骼康复机器人是模仿生物界外骨骼而提出的新型机电一体化装置。它融合了传感、控制、信息、移动计算、人机交互等关键技术，为穿戴者提供保护，并根据人的肢体活动来感应、驱动机械关节执行动作，辅助穿戴者增强行走运动及重物负荷能力。其本质是一种可实现人机结合的可穿戴式机器人。如图3-16所示，外骨骼康复机器人让截瘫患者完成站立。

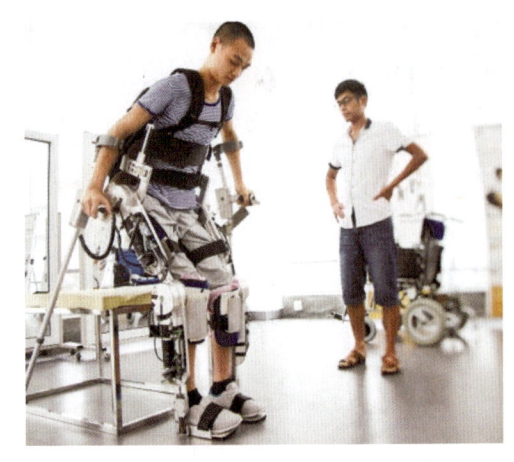

图 3-16 外骨骼康复机器人让截瘫患者完成站立

一般来说，外骨骼机器人主要由机械结构、传感系统、控制系统和驱动系统几大核心部件组成，图3-17所示为外骨骼康复机器人结构示意图。

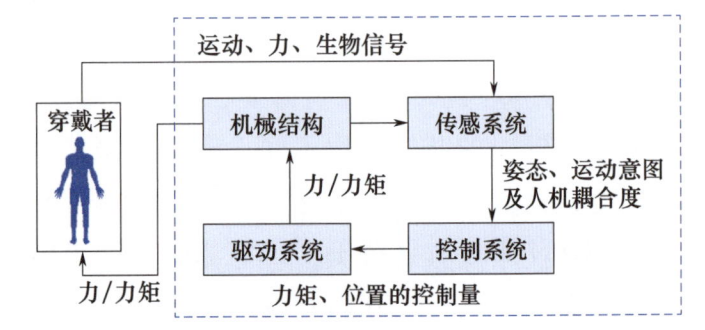

图 3-17 外骨骼康复机器人结构示意图

（1）机械结构

机械结构是机器人整体设计的基础，机械结构设计的好坏直接影响了机器人整体功能的实现。外骨骼康复机器人机械结构融合了仿生学、动力学等原理，模仿人体的骨骼结构和关节运动范围，通过与人体的结合来分担承重，提供支撑力量和基础支撑，帮助康复训练者恢复力量、速度等运动机能。

（2）传感系统

传感系统通过分布在外骨骼不同位置的传感器收集穿戴者的步态信息或运动意图，并将这些数据以特定的形式传送给控制系统。

（3）控制系统

控制系统是外骨骼机器人的中央枢纽，通过对传感系统反馈的数据进行分析并规划步态模式，对驱动系统实现闭环控制，其中涉及的难点包括传感器融合算法、控制算法等一系列软件模块。一般来说控制器实施全局控制并集中位于机器人背部，包括系统主机、信号采集板、电机驱动板、电源管理等模块。但随着外骨骼自由度的增加、模型算法的复杂化，也可采用分布式控制来减轻中央控制系统的负担，提高系统响应速度。

（4）驱动系统

驱动系统位于机器运行的末端，负责带动机械结构，执行控制系统传递来的具体任务。根据驱动形式的不同，主要分为三种驱动方式：电机驱动、气压驱动以及液压驱动。三种方式各有优劣，目前以电机驱动在实际中应用更为广泛。

外骨骼康复机器人工作原理：通过分布在全身的高精度传感器捕获肌电信号，并识别人的动作意图，从而实现自主控制。中央处理系统能够通过检测重心位置的细微变化控制运动，模仿使用者习惯的自然步伐，并为用户提供合适的行走速度，即便是四肢瘫痪者也能够借助系统独立行走，甚至上下楼梯。

当前，我国的外骨骼康复机器人领域尚处于起步阶段，上市产品较少，目前已投入市场的产品主要有上肢康复训练机器人和下肢康复训练机器人，主要公司有大艾机器人、程天科技和迈步机器人等。图 3-18 所示为程天科技"悠行"外骨骼机器人。该款机器人基于"神经可塑性"原理，可以实现主动、被动、主被动结合等训练模式，帮助因中枢神经损伤导致的截瘫、偏瘫患者进行运动康复，同时也可以作为辅助器具帮助不能行走的人重新行走。

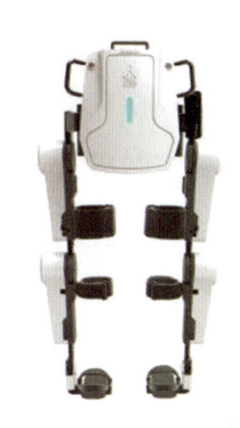

图 3-18 程天科技"悠行"外骨骼机器人

2. 上肢康复训练机器人

上肢康复训练机器人是以神经可塑性原理为理论基础，运用计算机技术，实时模拟人体上肢运动规律而设计的一款先进的上肢康复训练设备。患者通过上肢康复训练机器人的重复训练，循序渐进治疗，可以有效提高上肢协调性、肌肉力量，以及抓握的力量等上肢运动能力，扩大肩肘腕等关节活动范围；同时，上肢康复训练机器人可以帮助因脑卒中、脑外伤、脊髓损伤等导致上肢功能障碍的患者重新学习已失去的上肢功能，通过不断的训练促进神经与大脑的连接。图 3-19 所示为患者通过上肢康复训练机器人进行肢体智能反馈训练。

图 3-20 所示为埃斯顿医疗的上肢康复训练机器人 Burt。Burt 是国内首款三维末端驱动式康复机器人。它是利用钢丝绳进行驱动的三维末端机器人，它使患者的康复训练可进行三维空间运动，而不再局限于平面内的运动，更贴合人体关节生理活动范围，并能模拟日常生活活动。与外骨骼机器人相比，Burt 具有主动、被动两种模式，能满足全周期康复患者治疗的需求。它操作便捷，能在 15 秒内快速上机，30 秒完成左右手切换，大大节省了治疗师的时间。

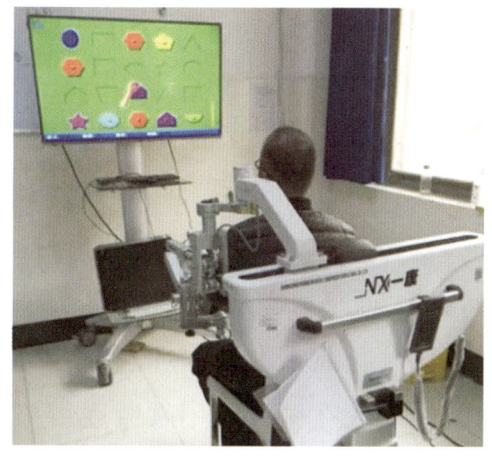

图 3-19 患者通过上肢康复训练机器人进行肢体智能反馈训练

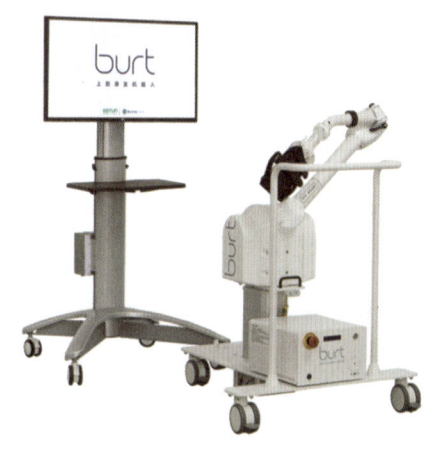

图 3-20 埃斯顿医疗的上肢康复训练机器人 Burt

目前，上肢康复训练机器人主要适用于脑卒中、脑部损伤、脊柱损伤、神经性损伤、肌肉损伤和骨科疾病等原因造成的上肢运动功能障碍，帮助患者对大脑运动神经进行重塑，恢复大脑对上肢运动的控制，从而提高患者日常生活能力。

3.4 医疗辅助机器人

3.4.1 医疗辅助机器人简介

医疗辅助机器人是指能辅助医疗过程、提升医护人员能力、减少不必要的医护资源投入以及提升医护效率和质量的智能化医疗机械装置。医疗辅助机器人能为患者在诊前、诊中和诊后提供一体化的综合服务，满足患者在医疗过程中的不同需求。

随着技术的不断创新发展，医疗辅助机器人已经在医疗检查、辅助诊疗、药物管理等多个应用场景得到了较为广泛的应用。胶囊内镜机器人如图 3-21 所示。

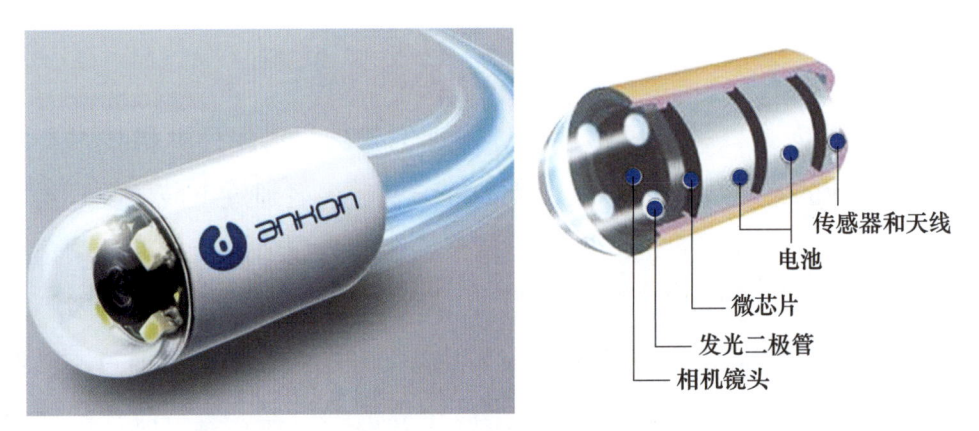

图 3-21 胶囊内镜机器人

3.4.2 医疗辅助机器人发展史

2001 年以来，我国医疗辅助机器人行业发展先后经历了萌芽阶段、探索发展阶段和创新发展阶段。二十一世纪初，以色列、日本和韩国等多个国家的胶囊内镜机器人已经进入商业应用阶段。在国外医疗辅助机器人迅速发展的背景下，金山科技在 2001 年年底启动了智能胶囊消化道内窥镜系统项目；2002 年，该项目被列入国家"863 计划"；2005 年，金山科技研发的 OMOM 胶囊内镜获得 NMPA 批准并走向商业化。

在技术不断进步、国家政策不断利好的背景下，国内多家医疗辅助机器人企业相继成立，我国医疗辅助机器人行业由萌芽阶段进入探索发展阶段。2008 年，金山科技研发的 OMOM 胶囊内镜陆续进入全国医保范围；2013 年，安翰医疗自主研发的磁控胶囊胃镜系统正式获得 NMPA 认证；2014 年，卫邦科技的静脉配药机器人原型机完成，获得质量管理体系认证；同年，桑谷医疗与美国机器人 unmaion 公司、中科院、北京大学深圳医院、南方医科大学共同研发了静脉配药机器人。随后我国医疗辅助机器人在医疗应用领域逐步拓宽，不同类型的医疗辅助机器人持续研发成型，医疗辅助机器人行业发展由探索发展阶段迈入创新发展阶段。

2016年，安翰医疗的胶囊胃镜机器人在全国400家医疗机构中投入使用；同年，卫邦科技的静脉配药机器人在上海仁济医院正式投入临床应用。2017年，安翰胶囊胃镜机器人产品开始出口海外市场，经纬世纪医疗的智能"天使医生机器人"也在安徽省启动了试点项目；同年国内首台采血机器人研发成功，其采血准确率达到92%，进入了临床试验阶段。

3.4.3 医疗辅助机器人分类

根据应用场景和功能的不同，医疗辅助机器人可以分为胶囊内镜机器人、采血机器人、诊疗机器人、输液配药机器人和其他类型医疗辅助机器人。

3.4.4 医疗辅助机器人应用

1. 胶囊内镜机器人

胶囊内窥镜最早由以色列 Given Imaging 公司和 Sierrea Scientific 公司合作研发，主要用于结肠疾病的检查，图 3-22 所示为胶囊内镜机器人的工作原理。胶囊内镜机器人是通过检查者的吞咽进入人体胃肠道进行医疗检查的智能型机器人；它具有检查快捷方便、无创伤、无须麻醉、无交叉感染风险的特点，同时可以进行全方位无死角的拍摄，克服了传统插入式内镜的耐受性差、不适用于年老体弱的患者等缺陷。

胶囊内窥镜分为两种：一种是被动式行进胶囊机器人，其依靠自身重力和胃肠道蠕动行进，随机拍摄消化道黏膜，主要应用于食道、小肠和大肠疾病的检查；另一种是主动式行进胶囊机器人，通过磁驱动、形状记忆合金驱动、压电驱动等方式主动控制胶囊内镜，主要应用于胃腔检查，目前广泛应用的胶囊内窥镜为磁驱动式，而其他方式还处于实验室研究阶段。

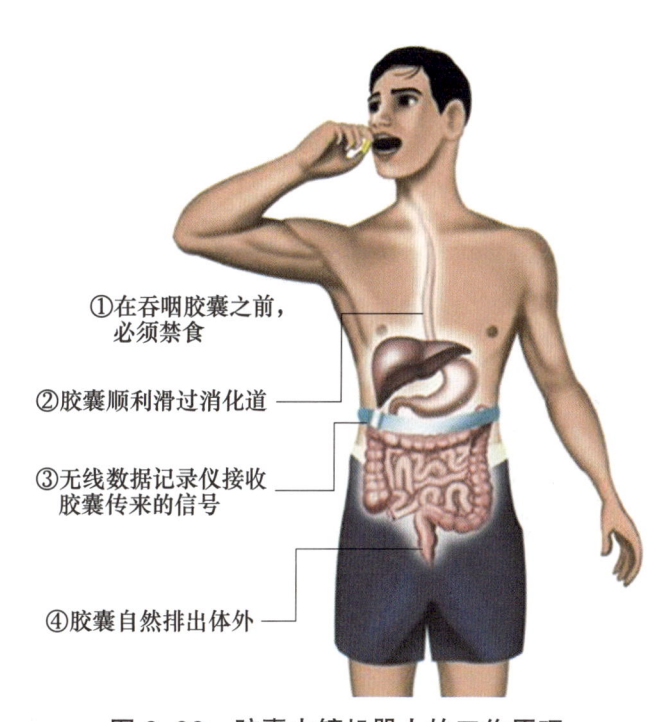

图 3-22 胶囊内镜机器人的工作原理

重庆金山科技的全自动导航胶囊内镜机器人系统如图 3-23 所示。受检者无须插管，不用麻醉，只需吞下一颗胶囊状的微型内镜，即可躺在检查床上开始接受检查。随着机械臂自动运转，胶囊机器人开始全自动运行，通过智能导航和立体精准控制，对受检者的胃部进行详细检查。该胶囊内镜机器人使用了双磁控技术，受检者无须变换体位，其胃部就可以得到精细检查。

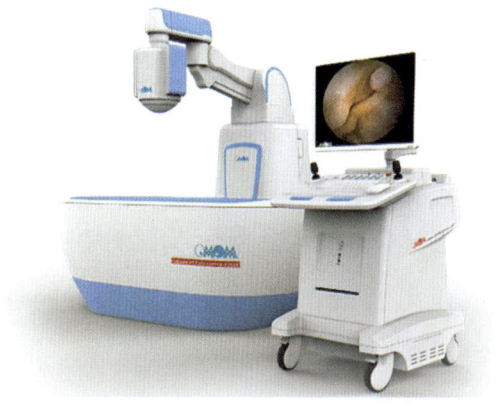

图 3-23 全自动导航胶囊内镜机器人系统

2. 采血机器人

采血机器人是一种可以利用红外线和超声波成像技术，自动完成血液标本采集，替代医护人员帮患者完成采血工作的自动化医疗器械。图3-24所示为全球首台采血机器人Veebot采血。

采血机器人在采血过程中会先压住被采血者的胳膊，稍稍控制血流，同时让静脉突出一点；然后发出红外线，在被采血者的手臂部位扫描，寻找静脉；同时使用超声波扫描，用"双保险"来确认针尖可精准戳进血管，而不会将手臂扎成"马蜂窝"。图3-25所示为色彩差异指示静脉走向示意图，其左半部分的区域色彩差异经计算机处理后在右半图中显示出静脉的可能位置，这是机器人插入针尖的依据。红外线、超声波和机器学习三者相结合，是采血机器人找准静脉的法宝。

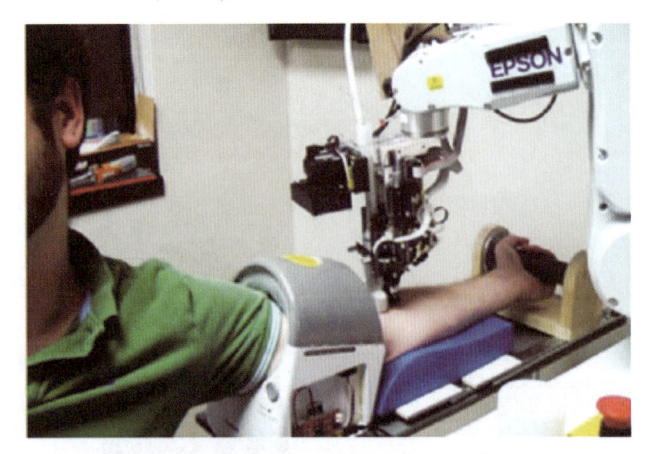

图 3-24　全球首台采血机器人 Veebot 采血

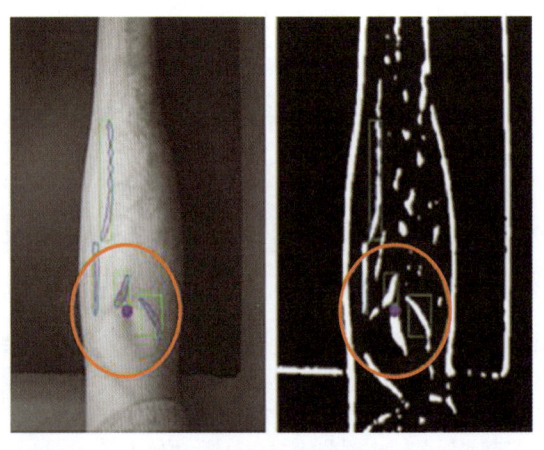

图 3-25　色彩差异指示静脉走向示意图

采血机器人相比于人工采血有以下优势：①无须人工辅助，能有效降低医护人员被针刺伤受感染风险；②实现医患隔离检验，有助于大规模的疫情防控；③对比传统采血方式，采血机器人仅需要1分钟即可完成采血操作，提高医护服务效率；④采血流程自动化和标准化，患者无痛感，提高采血安全性。采血机器人应用范围广，不仅能应用在医院，还能走进体检机构、社区医疗服务站等医疗机构，有着巨大的发展潜力。

3. 诊疗机器人

诊疗机器人是指基于医疗知识系统，利用人工智能技术和云计算技术实现人机交互，将患者的病症描述与标准医疗指南作对比，具有辅助诊断、远程会诊、智能问诊、语音电子病历等服务功能的诊疗工具。图3-26所示为诊疗机器人望闻问切。

在患者端，全国各地的患者能通过诊疗系统平台找到医生实名机器人，完成院前问诊、疾病筛查以及健康管理方案制定，这有助于提升群众就医

图 3-26　诊疗机器人望闻问切

的可及性和获得感。在医生端，医生可通过辅助诊疗系统提高医疗服务能力和效率，可对患者进行全方面数据画像，通过挖掘数据背后的关联进行疾病诊疗和医学研究。在医院端，通过诊疗机器人可以对患者的院前问诊进行分级诊疗，并可联合社区卫生服务中心进行慢性疾病养老管理看护，从而完善医疗服务模式并合理分配医疗资源。诊疗机器人利用人工智能和远程技术，打破时间和空间的局限性，提高了医疗服务实时性和可及性。现阶段，我国已有多家企业研发了具有不同功能模块的诊疗机器人系统。

图 3-27 所示为"经纬天使机器人"智能医学服务系统。2017 年，经纬世纪医疗公司将人工智能与医学深度融合，自主研发了经纬天使智能医学服务系统，与智能硬件终端集成融合，形成独特的"经纬天使机器人"产品，从"效率"和"能力"两方面赋能基层医疗，是全国首个落地基层的医学人工智能解决方案。

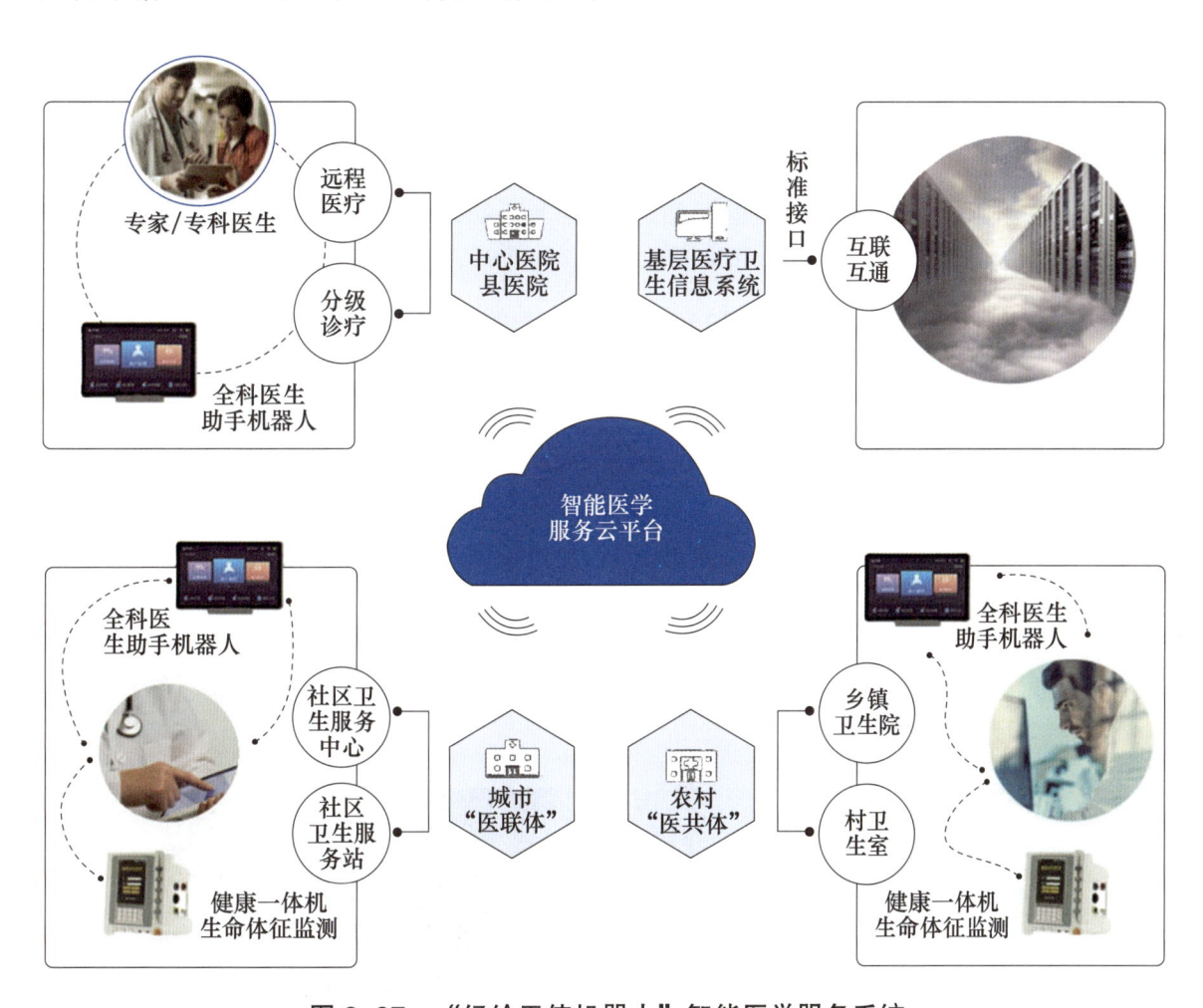

图 3-27 "经纬天使机器人"智能医学服务系统

"经纬天使机器人"智能医学服务系统针对基层全科医生的日常工作需要，将中、西医智能疾病诊疗、全流程慢病管理、公共卫生、分级诊疗、远程医疗、家庭医生签约等服务功能，通过人机互动、人脸识别等智能辅助功能融汇其中，该系统提升了基层全科医生的"能力"和"效率"，最终实现智能分级诊疗。

4. 输液配药机器人

输液配药机器人是一种采用配药深度神经网络学习算法、药品自动识别算法、运动控制算法等技术协助或者替代配药工作人员完成自动或半自动配药工作的机器人系统。配药机器人如图 3-28 所示。

在输液配药机器人没有出现之前，患者所需要的静脉输液药物都依靠医护人员手工配置。传统配药方式不仅容易出现人为误差和污染，给患者的安全造成潜在威胁；而且有的化疗药物属于细胞毒性药物，可能对医护人员的健康造成不良影响。在国外一些医疗水平较发达的国家，每年仍有上万人受到因人工配药或投药的失误而导致的损害。

图 3-28　配药机器人

配药机器人的问世有效地解决了手工配药模式所引发的安全风险，具有配药流程规范、调配精准度高等优势。配药机器人能在洁净环境下，实现药物自动配置操作，为调配药液提供了质量安全保障，让医护人员免受配药环境有害物质暴露损伤和操作损伤，保障了医护人员的安全，并且还具有空气净化和弃物回收分类等功能。

3.5　医疗后勤机器人

3.5.1　医疗后勤机器人简介

医疗后勤机器人是一种能帮助医护人员分担部分沉重、烦琐的运输工作，提高医护人员工作效率的智能化辅助医疗器械装置。医疗后勤机器人在医疗机器人中技术门槛虽然相对较低，但在医疗领域中发挥着不可替代的作用，应用场景尤为广泛。图 3-29 所示为实验室消毒，图 3-30 所示为商场测温。

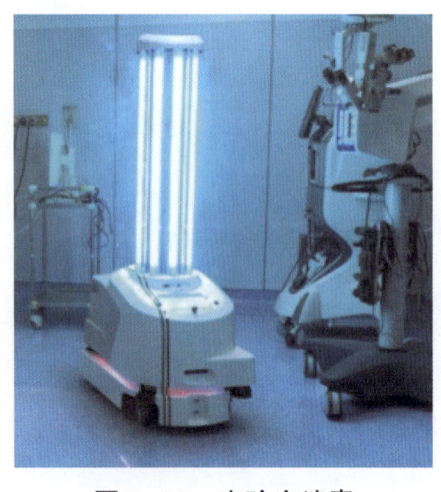

图 3-29　实验室消毒　　　　图 3-30　商场测温

按产品种类，医疗后勤机器人可分为：无人搬运车和移动机器人；按应用场景的不同，

医疗后勤机器人可分为：配送机器人、红外测温机器人、消毒机器人和健康管理机器人等。

3.5.2 医疗后勤机器人的应用

1. 消毒机器人

消毒机器人以机器人为载体，在机器人内部装置消毒系统并使其产生消毒气体，利用机器人的气动系统将消毒气体快速地在室内空间扩散，增加消毒的覆盖面和均匀性，能有效、无死角地杀灭空气中的致病微生物，消毒机器人能够根据设定的路线自动、高效、精准地对室内进行消毒。

优必选科技的紫外线消毒机器人——ADIBOT 净巡士如图 3-31 所示，可实现对物体表面和空气的智能消杀，能够 360° 覆盖消杀目标，消杀效率高、消杀速度快、简单易用、安全环保。

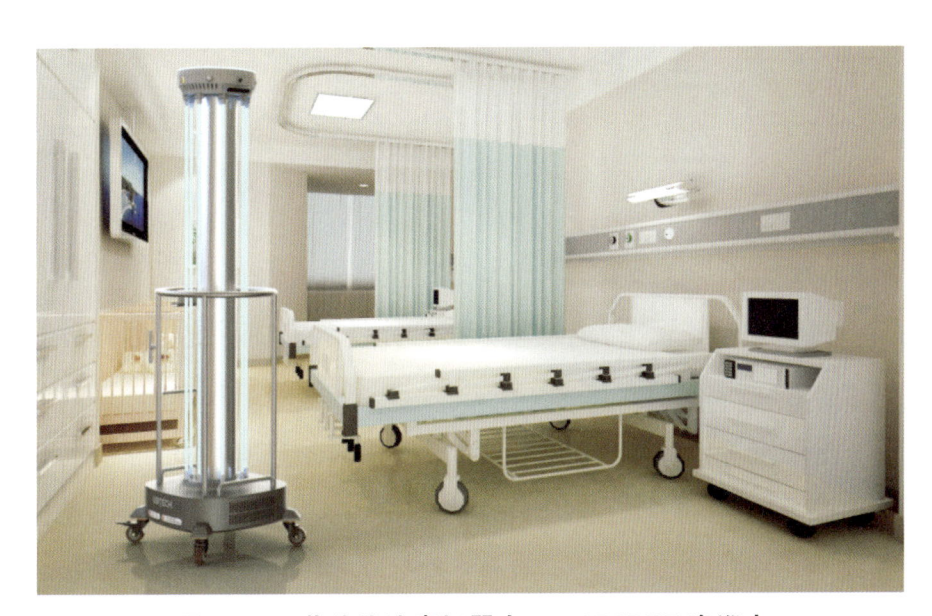

图 3-31　紫外线消毒机器人——ADIBOT 净巡士

紫外线消毒机器人 ADIBOT 净巡士适用于人流密集、空间密闭等环境的场所，如医疗机构、学校、机场、火车站、酒店、图书馆等，有助于降低感染风险并保障人员安全。

2. 测温机器人

测温机器人以机器人为载体，在机器人内部装置测温摄像头，利用机器人的测温系统自动测量并显示被测人的温度信息，能有效、快速地执行测温操作。

图 3-32 所示为博众智能测温导流机器人。该款机器人将测温与访客管理系统结合，能够放置在场所的入口处，或与闸机联动，对来访人员进行非接触式测温、感应式手部消毒、访客身份确认、探访地选择、信息单打印等一站式访客信息的记录与管理。

测温机器人可实现全程"零"接触的访客数据收集、分析、报表生成、异常人员追溯等功能，且无须人工值守，一次可 5 人同时测温，适合大流量的公共场所。该机器人目前已投放到医院、政府机关、会展中心、工厂、学校、购物中心、艺术展厅等众多场所。

3. 医院物流机器人

医院物流机器人（Hospital Transmission Robots），简称医流机器人（HTR），是指专为医院物资传送而设计，高度集成机电一体化、多维传感、人工智能、数字通信以及仿生学等高新技术，以电池为动力，能按中央控制系统指令自动执行传送、调度、装卸任务的医院智能物流机器人系统。医流机器人如图3-33所示。

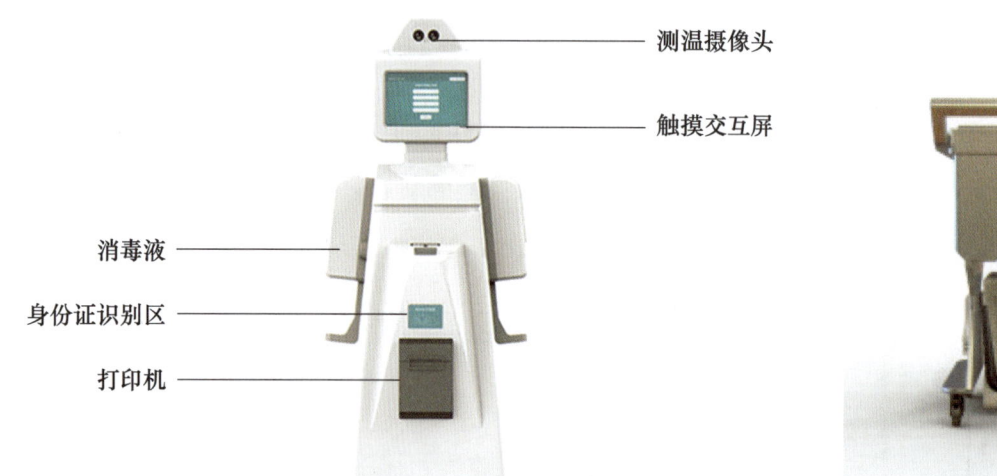

图 3-32　博众智能测温导流机器人　　　　图 3-33　医流机器人

医流机器人一般由执行机构、行走装置、感知元件、控制系统、远程控制网络等组成。

（1）执行机构

执行机构可以视作医流机器人的手指，用于锁住需被转运物资的专用推车，其采用简单高效的电磁铁结构，通过电信号，能让机器人的手指实现夹紧或松开的动作。

（2）行走装置

行走装置是驱使执行医流机器人运动的机构，它按照控制系统发出的指令信号，借助动力元件使机器人运转行驶。

（3）感知元件

外部信息传感器，用于获取有关医流机器人的作业对象及外界环境等信息，以使机器人的动作能适应外界情况的变化，甚至使机器人具有某种"感觉"，并向智能化发展。例如从视觉、声觉等外部传感器获取工作对象、工作环境的有关信息，利用这些信息构成一个大的反馈回路，从而大大提高机器人的工作精度。

（4）控制系统

医流机器人采用分散式控制，即采用主控微机和多台微机来分担机器人的控制，如当采用上、下两级共同完成机器人的控制时，主控微机常用于负责系统的管理、通信、运动学和动力学计算，并向下级微机发送指令信息，而各运动部件都配有一个微机，进行旋转控制处理，实现给定的运动，并向主控微机反馈信息。

（5）远程控制网络

远程控制网络通过独特的神经网络模式，实现了医流机器人与中央控制系统之间的数据交换，让医流机器人完全受控于中央控制系统，在其调度下，多个医流机器人能有条不紊的协同完成各项运输任务。

图 3-34 所示为医流机器人楼层间运输医用物资。目前医流机器人的产品形态有平板式、一体式、抽屉式、托举式、牵引式、潜入顶升式等，主要应用在手术室和住院病区，负责手术室无菌包、药品、母乳、静脉输液包、标本等的运输工作。通过定制货柜，进行药品、手术器械、医用材料、配餐、医疗垃圾等的配送。

图 3-34　医流机器人楼层间运输医用物资

动手实践

实践任务：列出你所知道的医疗机器人类型和品牌

一、实践组织

以小组调研讨论 PK 汇报的形式完成任务实践。

二、实践内容

以小组为单位，通过网络、期刊等途径，针对以下主题进行讨论。

主题 1：什么是医疗机器人？医疗机器人的发展历程都经历了哪些？

主题 2：医疗机器人都有哪些种类？

主题 3：说一说你眼中的医疗机器人是什么样的？

每组利用 15 分钟进行归纳总结，并制作 PPT 对此主题进行分析。每个小组依次派代表进行主题讨论结果演讲，最后由全体同学进行投票，决出优胜小组。

项目评价

班级		姓 名		学 号		日 期	
自我评价	1. 能阐述医疗机器人的定义、分类					□是	□否
	2. 能阐述医疗机器人的发展历程					□是	□否
	3. 能列出常见医疗机器人类型和品牌					□是	□否
	4. 能说出各类医疗机器人的典型案例及应用场景					□是	□否
	5. 在完成任务时遇到了哪些问题，是如何解决的						
	6. 能独立完成工作页/任务书的填写					□是	□否
	7. 能按时上、下课，着装规范					□是	□否
	8. 学习效果自评等级				□优	□良	□中	□差
	总结与反思：						
小组评价	1. 在小组讨论中能积极发言				□优	□良	□中	□差
	2. 能积极配合小组完成工作任务				□优	□良	□中	□差
	3. 在查找资料信息中的表现				□优	□良	□中	□差
	4. 能够清晰表达自己的观点				□优	□良	□中	□差
	5. 安全意识与规范意识				□优	□良	□中	□差
	6. 遵守课堂纪律				□优	□良	□中	□差
	7. 积极参与汇报展示				□优	□良	□中	□差
教师评价	综合评价等级： 评语： 教师签名： 日期：						

项目小结

本项目主要介绍了医疗服务机器人的概念、常见分类、发展以及应用；通过对医疗服务机器人类型和品牌的信息收集、讨论和分享，读者可了解医疗服务机器人的发展、分类和应用。

项目习题

一、填空题

1. 按医疗应用领域划分，手术机器人可分为：_____、_____、_____和_____。
2. 达芬奇机器人由_____、_____、_____三部分组成。
3. 全球最典型的骨科手术机器人是_____。
4. 按照《上海康复机器人路线图研究报告》，康复机器人按功能康复方式分类，可分为_____康复机器人和_____康复机器人。
5. 根据应用场景和功能的不同，医疗辅助机器人可以分为_____机器人、_____机器人、_____机器人、_____机器人和_____医疗辅助机器人。

二、选择题

1. 最早实现商业化的康复机器人是（　　）。
   A. Flexbot　　　　　　B. Rex　　　　　　C. Handy1　　　　　　D. MANUS
2. 以下哪个不属于医疗辅助机器人？（　　）
   A. 胶囊内镜机器人　　B. 采血机器人　　C. 输液配药机器人　　D. 外骨骼机器人

三、简答题

1. 请简述达芬奇手术机器人和"天玑"骨科手术机器人的区别。
2. 请简述达芬奇手术机器人的工作原理。
3. 请简述"天玑"骨科手术机器人的工作原理。
4. 请简述外骨骼机器人的结构组成，并画出其结构示意图。

项目四
认识公共服务机器人

【项目导入】

科技的发展进步使智能机器人广泛出现在我们的日常生活中。智能机器人主要应用于小区、园区、学校、机场、车站、高铁、地铁、大型活动或会议场所等公共场所。能够为公众或公用设备提供服务的机器人,都可以被认为是公共服务机器人。

目前落地规模较大、真正体现应用价值的公共服务机器人主要有引导接待机器人、终端配送机器人以及智能安防机器人。本项目将带领大家一起来了解这几类公共服务机器人的应用及其关键技术。商用服务机器人Cruzr——机场导览如图4-1所示。

图4-1 商用服务机器人Cruzr——机场导览

学习目标

1）了解公共服务机器人的定义与分类、发展概况及技术模块。
2）了解引导接待机器人的典型案例和应用。
3）了解终端配送机器人的典型案例和应用。
4）了解智能安防机器人的典型案例和应用。

知识链接

4.1 公共服务机器人简介

4.1.1 定义与分类

公共服务机器人指在住宿、餐饮、清洁、农业、金融、物流等除医学领域外的公共场合为人类提供一般服务的商用机器人。公共服务机器人按其使用用途可分为餐饮机器人、讲解导引机器人、多媒体机器人、公共游乐机器人、公共代步机器人和其他公共服务机器人。

公共服务机器人的应用十分广泛，例如，在展览会场、办公大楼、旅游景点为客人提供信息咨询服务的迎宾机器人，在政府机关、博物馆等公共场所进行接待服务的接待机器人，在旅游景点、展厅为游客提供导游、导览的导览机器人，在商场、购物中心等提供导购服务的导购机器人，在车站、机场提供零售服务的移动售货机器人，进行管道修理、写字楼壁面清洗的清洁机器人，在产业园区或居民区提供各类安全巡逻的安保巡逻机器人等。随着机器人技术的进一步发展，越来越多的公共服务机器人将走进人们的日常生活。图 4-2 所示为部分公共服务机器人类型。

a）引导接待机器人　　　b）终端配送机器人　　　c）智能安防机器人

图 4-2　部分公共服务机器人类型

4.1.2 发展概况

公共服务机器人的产业链上游为零部件厂商，包括芯片、电机、减速器、控制器、传感器等的制造厂商；中游包括系统集成商、本体制造商；下游则为机器人产品面向各个细分场景或服务领域，如商场、酒店、政务大厅等场所。图4-3所示为公共服务机器人产业链。

上游	中游	下游
零部件：芯片、电机、控制器、减速器、传感器……	系统集成、本体制造：机器识觉、语音识别、SLAM、操作系统、设计、研发、加工、组装……	产品应用：安防巡逻、社区服务、智能交警、酒店服务、展览服务、智能养老……

图4-3　公共服务机器人产业链

据中国电子学会《2022年中国机器人产业发展报告》，2022年，全球服务机器人市场规模预计达到217亿美元。同期我国服务机器人市场规模预计达到65亿美元。

我国已有一批企业生产了公共服务机器人产品。表4-1所示为目前国内典型的公共服务机器人公司及产品。

新技术的出现和技术成熟期的缩短是推动服务机器人发展的根本动力。随着服务机器人技术的不断发展、产业链需求的不断提升，公共服务机器人未来的发展空间将越来越广阔。

表4-1　目前国内典型的公共服务机器人公司及产品

序号	公司名称	典型的公共服务机器人产品
1	猎户星空	智能配送机器人、消杀机器人
2	普渡科技	送餐机器人、商用清洁机器人
3	擎朗智能	送餐机器人、医疗配送机器人
4	优必选	智能商用服务机器人、紫外线消毒机器人
5	达闼科技	云端配送机器人、云端雾化消毒机器人
6	高仙科技	商用清洁机器人
7	穿山甲	送餐机器人
8	云迹科技	零售机器人
9	优地科技	配送机器人
10	斯坦德	测温机器人、消毒机器人
11	……	……

4.1.3　核心技术模块

从技术模块上看，公共服务机器人的核心模块（如图4-4所示）主要有：环境感知和运动控制模块、人机交互模块、充电储能模块和功能实现模块四大部分。

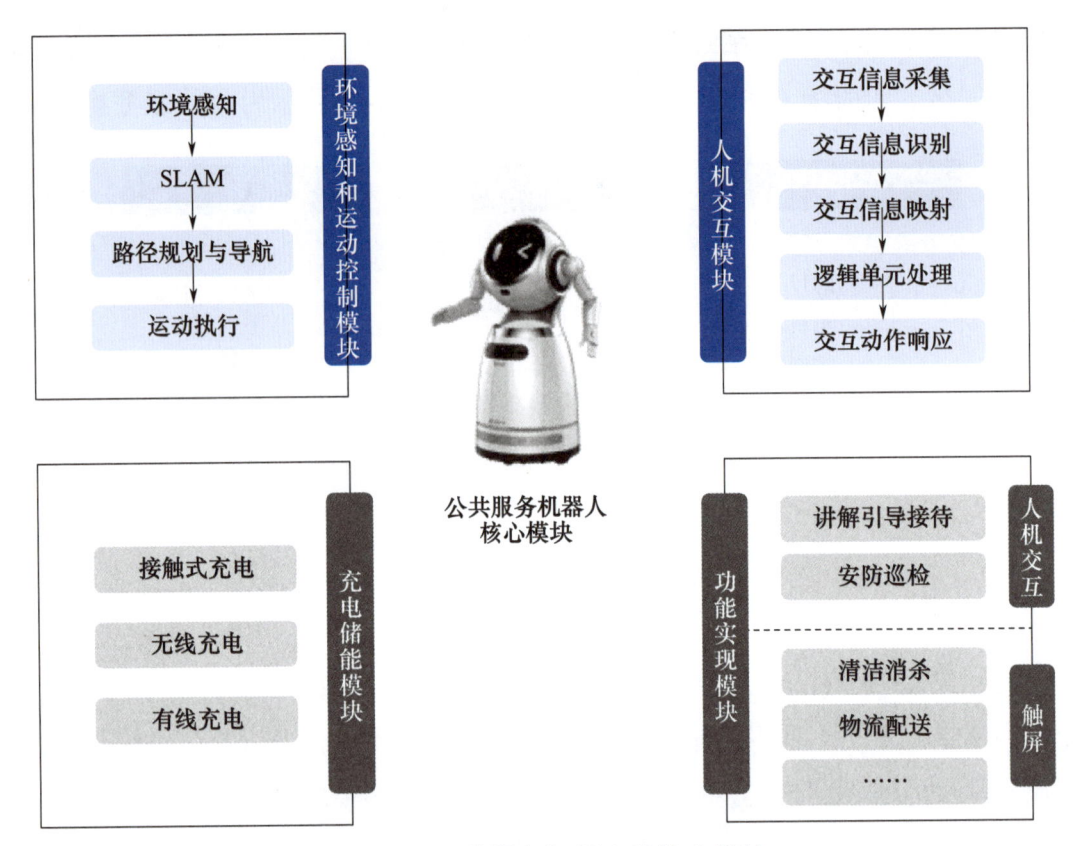

图 4-4　公共服务机器人的核心模块

1. 环境感知和运动控制模块

环境感知是机器人技术体系实现的基础和前提条件。传感器是机器人感知环境及自身状态的窗口。环境感知模块主要负责环境信息的数据采集和融合，即机器人通过传感器（如摄像头、激光雷达、陀螺仪等）对外部环境进行感知和定位，与机器人地图构建、路径规划、导航及运动控制等功能息息相关。

运动控制模块包括机械传动系统，它通常负责按照程序指令，携带机器人功能实现模块前往指定位置。公共服务机器人常采用底盘完成运动控制与环境感知，底盘主要承载机器人的定位、导航、避障、移动等基础功能。根据应用场景的不同，机器人底盘通常有轮式和履带式两种，目前绝大多数公共服务机器人采用轮式底盘方案来实现机器人的移动任务。

2. 人机交互模块

人机交互模块是公共服务机器人与人类交流的媒介。由于人类语言和人类生物信息的多样性，人机交互模块往往需要人工智能技术的支持。人机交互模块通常包括负责数据整理和算力处理的存储器和智能芯片，比较典型的人机交互方式有语音交互（如自然语言识别、自然语言生成等）、视觉交互（如图像识别、手势识别等）和触控交互。

（1）语音交互

语音交互模块通常由麦克风、扩音器和自然语言处理平台组成。现阶段，机器人语音交互以自主处理为主，其速度和准确性都存在局限。随着未来 5G 网络和数据中心等设施的进一步完善，云端识别将成为很好的替代方案，因为它能够降低机器人本身的硬件成本和调试、维护成本。

（2）视觉交互

视觉交互模块主要依赖摄像头和人工智能技术平台，对人脸、温度、手势等进行识别。先进的视觉交互系统已能通过景深摄像头、红外传感器、激光雷达等设备完成对人脸和肢体动作的3D识别，在物品加密运输、顾客偏好记忆等方面起到关键作用。

（3）触控交互

触控交互的实现方式主要有触摸屏和压力感应两种。由于服务机器人底盘的载重限制，在搭载电池容量有限的情况下，采用压力传感器和触摸屏两种方案各有优劣。

3. 功能实现模块

功能实现模块确保了服务机器人能完成服务任务。公共服务机器人涉及人们生活的方方面面，其功能实现模块也各不相同。从结构上看，功能实现模块有货柜货架等多种形态。货柜货架是结构较为简单的功能实现模块，能够实现物流配送、餐厅传菜等多种功能，其中货柜主要用于私人物品、外卖等订单的配送，广泛应用于企业园区、酒店、写字楼等公共区域；货架则更多用于大件物品、餐盘等的传递，多用于餐厅内部。从实现方式上看，一类功能实现模块需要通过触摸屏选择任务，并由机器人控制系统下达指令后才能执行任务，如清洁机器人、终端配送机器人；另一类功能实现模块与人机交互模块基本重合，通常由触屏和自然语言处理技术组合实现，不需要额外的硬件，如讲解引导接待机器人。

4. 充电储能模块

服务机器人的充电储能模块与其他电子产品差异不大，常见的接触式充电、电源线充电和无线感应充电等均有不同的应用领域。

（1）接触式充电

接触式充电是服务机器人最为主流的充电方式，这种方式不需要人工干预，当电量不足时，机器人通过高精度的室内定位，可以自动到达充电桩，触点接触即可进行充电。目前这项技术较为成熟，但仍然存在触点被遮挡、锈蚀等现象，这导致设备的维护成本和安全风险的增加。

（2）电源线充电

电源线充电是最传统的充电方式，需要人工将电源充电线连接到机器人本体上。目前，许多固定位置的讲解接待机器人、餐饮制作机器人仍在采用这种充电方式。这种方式成本相对较低，但需要人工维护，不能实现自主充电。

（3）无线感应充电

无线感应充电对定位精确度要求不高，能够有效避免触点接触充电时产生的电火花、锈蚀杂质等带来的火灾风险。但当前无线充电设备的传输效率普遍低于70%，这使得达到与接触式充电同等速度和电能所需的充电设备功率较大，设备成本和电能成本较高。

4.2 引导接待机器人

4.2.1 引导接待机器人简介

引导接待机器人是集语音识别技术和智能运动技术于一身的高科技产品，该机器人仿人型，身高、体形、表情等都力争逼真。它主要从事引导和接待活动，是公共服务机器人中的一个重要类别。图4-5所示为银行大堂引导接待机器人。

图4-5 银行大堂引导接待机器人

从产品功能角度来看，引导接待机器人涉及较多的与人沟通互动环节，对于人机交互、自然语言处理等方面的能力要求较高，同时还需要具备协同工作能力、服务流程对接能力、增值服务能力等特性。图4-6所示为引导接待机器人的主要特性。

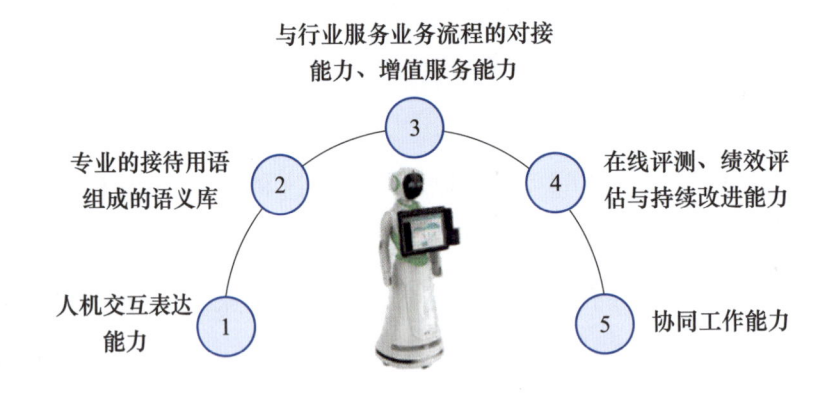

图4-6 引导接待机器人的主要特性

引导接待机器人的应用场景多样，囊括了银行、酒店、政务大厅、餐厅、学校、机场、车站、医院、养老院等地点，主要为用户提供迎宾、引导、宣传、讲解、业务咨询等服务工作。

从本质上来说，引导接待机器人可以替代迎宾员、讲解员或者业务引导等服务人员完成重复的、基础的人力服务工作；一方面有利于降低企业的人工成本，另一方面也可以此为宣传亮点吸引消费者。基于引导和讲解两个主要功能，为了使服务更有"温度"，引导接待机器人的人机交互技术最为重要，其中就包括语音交互（自然语言处理、语音识别等）

和体感交互（图像识别等）。应用于不同场所的引导接待机器人功能大同小异，大都仅在交互模块或内置系统功能上有细微差异。图 4-7 所示为两种类型讲解引导接待机器人的关键模块差异。

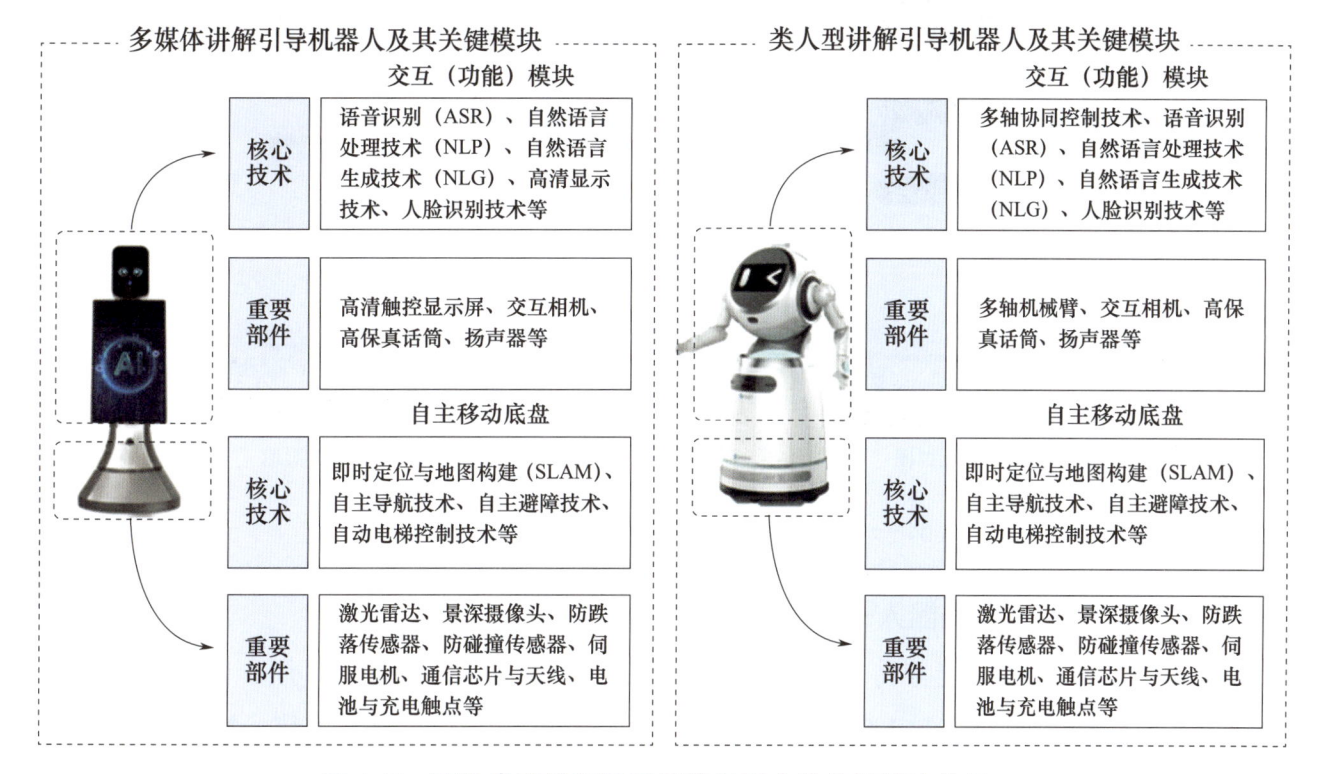

多媒体讲解引导机器人及其关键模块

交互（功能）模块
- 核心技术：语音识别（ASR）、自然语言处理技术（NLP）、自然语言生成技术（NLG）、高清显示技术、人脸识别技术等
- 重要部件：高清触控显示屏、交互相机、高保真话筒、扬声器等

自主移动底盘
- 核心技术：即时定位与地图构建（SLAM）、自主导航技术、自主避障技术、自动电梯控制技术等
- 重要部件：激光雷达、景深摄像头、防跌落传感器、防碰撞传感器、伺服电机、通信芯片与天线、电池与充电触点等

类人型讲解引导机器人及其关键模块

交互（功能）模块
- 核心技术：多轴协同控制技术、语音识别（ASR）、自然语言处理技术（NLP）、自然语言生成技术（NLG）、人脸识别技术等
- 重要部件：多轴机械臂、交互相机、高保真话筒、扬声器等

自主移动底盘
- 核心技术：即时定位与地图构建（SLAM）、自主导航技术、自主避障技术、自动电梯控制技术等
- 重要部件：激光雷达、景深摄像头、防跌落传感器、防碰撞传感器、伺服电机、通信芯片与天线、电池与充电触点等

图 4-7　两种类型讲解引导接待机器人的关键模块差异

基于不同场景需求，引导接待机器人的功能侧重也不同。如，博物馆或展厅更关注机器人的讲解功能，营业厅、政务厅等则更关注机器人业务咨询和办理功能，商场、酒店以及景区更关注的则是机器人的迎宾接待及宣传功能。

4.2.2　引导接待机器人的应用

1. 智能商用服务机器人——Cruzr

优必选的智能商用服务机器人 Cruzr 外观图解如图 4-8 所示。Cruzr 具有拟人设计的双臂、多传感器融合运动导航系统、AI 语音 / 视觉等人机自然交互等特点，是一款面向各行各业、实现人工智能与产业升级综合应用的商用服务机器人。按使用场景，Cruzr 可服务于政务大厅、购物中心、银行、星级酒店、展览馆、4S 店、医院、商业地产等公共区域。它可以有效地简化工作流程、降低人力成本、挖掘商业价值、减少运营成本，并帮助企业和服务大厅智能转型。

作为一款可执行迎宾、导览等任务的商用服务机器人，Cruzr 可以通过语音为人们提供聊天、娱乐和游览解说等方面的服务。此外，Cruzr 采用行业领先的 SLAM（即时定位与地图构建）算法，用户只需指定一个目标位置，Cruzr 便可自主规划路径、实时避障，并可精准抵达任意位置。

图 4-8　智能商用服务机器人 Cruzr 外观图解

2. 智能接待服务机器人——豹小秘

猎户星空旗下的智能接待服务机器人豹小秘外观图解如图 4-9 所示。该机器人配备有猎户星空自主研发的全感知 1.0 多传感器融合感知系统，可实现前台接待、智能引领、焦点跟随、老板分身等多样化功能，能够在政务大厅、图书馆、文旅景区、交通枢纽等众多场景中发挥替代人力的作用。豹小秘技术参数见表 4-2。

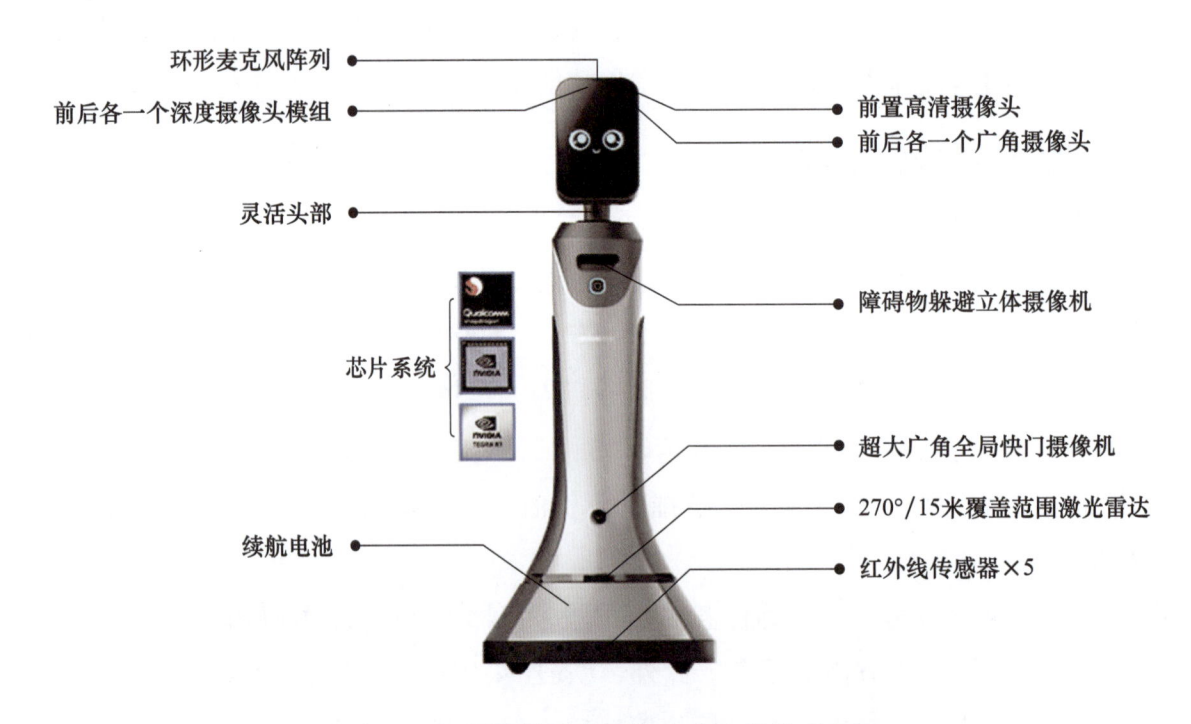

图 4-9　智能接待服务机器人豹小秘外观图解

表 4-2 豹小秘技术参数

产品净重	31kg	产品尺寸	544mm×545mm×1335mm
产品颜色	银色、枪灰色	麦克风	6个，60°音源定位
摄像头	7个	红外传感器	5个，主要用于避障
激光雷达	1个，270°/15米覆盖范围	处理器主频	2.3GHz
无线连接	3G/4G/Wi-Fi/蓝牙	操作系统	基于 Android 7.1
充电时间	6h	屏幕尺寸	10.1 英寸 LCD
RAM（内存）	6G	RAM（容量）	64G
输入电源	直流 29V 12A	工作时间	10h
噪声	静止状态 42dB	移动速度	默认 0.7m/s，可自定义，最大 1.2m/s
充电桩规格	输入：198~240V，50/60Hz 1A，Max 12A；输出：29.5V 12A			
电池	锂电池、容量 41Ah、电压 25.2V，采用 18650 电芯，充电快速不发热、不爆炸			
环境要求	储存温度：-20~50℃；工作温度：0~40℃；湿度（RH）：10%~90%			

3. 大屏交互式引导接待机器人——"云帆"

云迹科技旗下的大屏交互式引导接待机器人——"云帆"如图 4-10 所示。"云帆"可完成多种任务且有多种交互模式。它配备了 6 个麦克收音系统、高低音双扬声器以及 32 寸触控大屏，具有自定义讲解、人脸识别、巡游展播、引领带路、语音播报及对话等多种功能，同时其 UI 可自定义选择，可用于配合或替代讲解员完成全流程的讲解等工作。"云帆"可自动回充，续航时间长达 9 小时。"云帆"的云端控制接口开放，可提供完善的 SDK，并进行快速、便捷的定制专属 APP 开发。"云帆"主要适用于政务服务大厅、展厅、展馆、楼宇、4S 店、商场、奢侈品专卖店等应用场景。

图 4-10 大屏交互式引导接待机器人——"云帆"

4.3 终端配送机器人

4.3.1 终端配送机器人简介

终端配送，又叫末端配送，是指直接向消费者配送的物流服务，主要包括快递配送、物品运输、外卖送餐等服务场景。按照不同配送距离，配送场景可分为三大类别：室内配送 10~100 米、室外配送 100~1000 米和室外配送 1000 米以上。

终端配送机器人（见图 4-11）的主要服务场景是物流商务服务的末端交付环节（如快递上门投递服务、酒店客房上门送餐服务等），应用场景较为分散多样，如餐厅、酒店、写字楼及园区等。

a) 用于室内配送　　　　　　　　b) 用于室外配送

图 4-11　终端配送机器人

终端配送机器人要完成终端配送服务，最需要的两个技术分别是无人运载技术（包括导航和行走控制）和交付技术（与客户相互认证）。目前，终端配送机器人的很多技术都源于仓储机器人，但和用于仓库及物流中心的搬运或分拣机器人相比，终端配送机器人在应用场景上有着明显的不同。仓库或物流中心的应用场景属于工业生产场景，物流机器人代替的是原有机械，如叉车、输送线、其他分拣设备等；而终端配送机器人的工作场景是商业服务场景，主要有快递上门服务、餐厅传菜服务、酒店送餐服务等，替代的是人对人的交付工作，如快递员和收件人之间的包裹交付、酒店客房服务员和客人之间的送餐交付等。这就要求终端配送机器人能够识别或辨认各种障碍物，识别各种信号灯及路标等，同时可能还需要具备一定的爬坡能力甚至上下楼层（自主上下电梯）的能力等。

终端配送成本高、效率低的特点使得终端配送机器人有了"用武之地"。目前，在终端配送领域布局的有如新石器、Starship、真机智能、Yogo Robot、阿里等研发生产制造商，以及菜鸟、京东、苏宁等物流企业。

4.3.2　终端配送机器人的应用

1. 擎朗智能餐饮配送机器人

餐饮配送机器人，简称送餐机器人，是指从事送餐、回盘及接待等工作的商用服务机器人，主要应用于餐厅等商业场景，具备自动驾驶、语音交互等功能，同时能够满足大重量食品及餐具的承载需求。

擎朗智能送餐机器人系列产品（见图 4-12）在承载能力、底盘形状、托盘开放角度、

a) 飞鱼　　　b) T5　　　c) T1　　　d) T6　　　e) T2

图 4-12　擎朗智能送餐机器人系列产品

箱体外壳、语音交互等方面形成了特色鲜明的产品矩阵,力求从不同维度实现对应用场景的最佳匹配,提升用户体验。其产品"飞鱼"主打窄道通行,采用新一代智能避障方案和多模态取餐提示等功能,重新定义了休闲餐饮场景下的高效送餐。送餐机器人工作流程如图4-13所示。

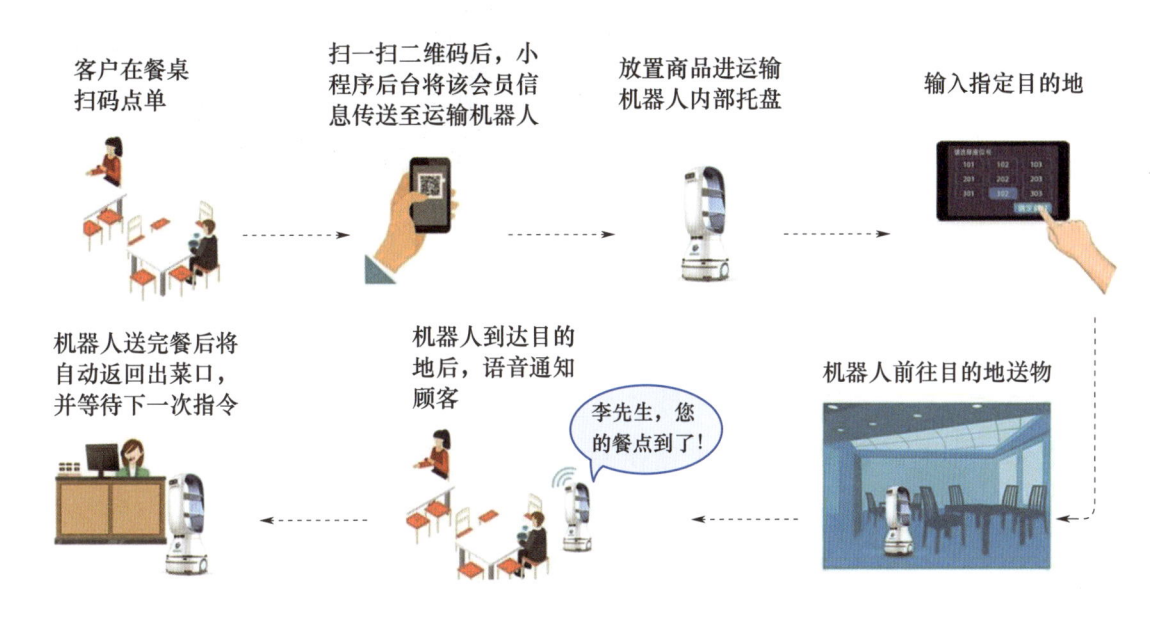

图4-13 送餐机器人工作流程

2. 阿里巴巴"小蛮驴"

"小蛮驴"(见图4-14)是阿里巴巴旗下首款物流配送机器人,是阿里达摩院自研的L4级自动驾驶产品,主要用于最后三公里的快递、外卖和生鲜配送。"小蛮驴"集成了达摩院最前沿的人工智能和自动驾驶技术,具有类人认知智能,能轻松处理复杂路况,能聪明选择最优路径。"小蛮驴"的大脑在遇到紧急情况时的应急反应速度是人类的7倍,它同时能够适应雷暴闪电、高温雨雪等极端环境以及车库、隧道等复杂条件。

图4-14 "小蛮驴"

"小蛮驴"尺寸为2100mm×900mm×1200mm(加上激光雷达高1445mm),车身外观采用银灰色调,平均速度设定为15km/h、最高速度20km/h,但工作功率仅有615W。"小蛮驴"的基本参数如图4-15所示。

为保障车辆的安全稳定,"小蛮驴"的系统架构引入了五重冗余设计,包括大脑决策、冗余小脑、异常检测刹车、接触保护刹车和远程防护。另外,它还拥有远程驾驶系统,负责在遇到比如超越机器人认知能力边界之外的状况等特定情况下,可由人力远程介入接管,并且随着5G技术的不断普及,这种远程接管的时延和安全性也得到了进一步保障。

多场景 强适应
最大爬坡能力：27%，防水：IP54
环境温度-10~45℃，雨雪正常运行

小身材 大容积
2.1m×0.9m×1.2m，可窄路通行
100kg载重，可容纳50件常规尺寸快递

低耗电 长续航
续航超100km，可支持全天工作抽拉
式电池，20s轻松换电

图 4-15 "小蛮驴"的基本参数

从硬件技术维度来拆解，"小蛮驴"的组成可分为三大部分：

1）底盘，包括车身和线控集成，是"小蛮驴"的核心躯干。

2）传感器，一前一后各 1 个激光雷达与 6 个摄像头组成环视方案，以及毫米波雷达、惯导等传感器，采用与无人驾驶汽车类似的方案。

3）计算单元，利用嵌入式 GPU 和 FPGA 的相互配合，结合达摩院量身打造的算法和压缩模型，让"小蛮驴"不仅有 L4 级自动驾驶能力，还能够实现低功耗长续航。

3. 智能配送站 YOGO Station

大量和高频的线上消费，让随时随地接收包裹成为一种生活日常，这彻底改变了终端物流体系，让城市的每一栋楼宇都成了配送的终端。配送是一个多环节服务场景，包括录入、调度、配送、闸机、电梯、通知、取件、反馈等多个环节。

YOGO Station 智能配送站（见图 4-16）提出了一个系统性的终端配送方案，可以通过云端、智能存储分拣柜、配送机器人和 IoT 设备的联合运作，完成机器人与人的"最后一棒"交接，且在整个配送流程中，只有录入环节需要通过人工实现。

图 4-16 YOGO Station 智能配送站

YOGO Station 智能配送站箱体配备 1 个外卖人员录单口，可以同时携带 3 台配送机器人，最多可以携带 18 件包裹。它拥有 8 个独立控制器、10 个独立传动系统和 28 个传感器，采用立式储物空间，通过三自由度机械臂精准识别所需配送物品，并通过独立对接系统下发到相应的配送机器人。其部分关键参数如下：

录单口设置 1 个高清摄像头，支持人脸识别及刷脸支付；配备 15.6 寸高清显示屏，可播放各种格式的视频和图片；暂存仓设有通风系统，可保障食品存储环境；配送机器人内仓可自动感应物品，以做到防滑、防漏；配送机器人拥有自主呼叫电梯及拨号通知用户取餐的能力。

图 4-17 所示为 YOGO Station 终端配送无人化工作流程。其具体使用流程及步骤如下：

图 4-17　YOGO Station 终端配送无人化工作流程

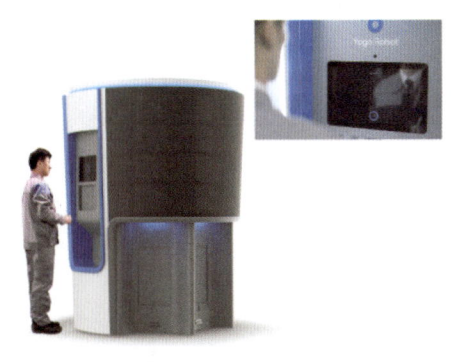

（1）快递员使用 YOGO Station 录单（见图 4-18）

1）快递员走近录单口，YOGO Station 自动开启人脸识别功能并快速录单；

2）录单完成后，录单口自动开启，快递员将包裹放入录单口；

3）YOGO Station 的机械手臂自动将包裹放入空余的盒子中，等待 KAGO 取件。

（2）调度 KAGO 取件（见图 4-19）

1）YOGO Station 通过云端，调度 KAGO 返回智能配送站；

2）KAGO 自主过闸机，搭乘电梯前往对应楼层；

3）KAGO 提前通过语音/短信通知收件人取件码。

（3）用户取件及 KAGO 返回（见图 4-20）

1）KAGO 在每层楼的固定位置等待用户；

2）用户输入取件码，KAGO 舱门自动打开；

3）用户取出包裹，KAGO 舱门自动关闭；

4）KAGO 返回 YOGO Station 智能配送站，充电并等待下一次任务。

图 4-18　快递员使用 YOGO Station 录单　　图 4-19　调度 KAGO 取件　　图 4-20　用户取件及 KAGO 返回

4.4 智能安防机器人

4.4.1 安防机器人简介

安防机器人,又称安保机器人,是半自主、自主或者在人类完全控制下协助人类完成安全防护工作的机器人。安防机器人作为机器人行业的一个细分领域,常被用来解决安全隐患、进行巡逻监控及灾情预警等,从而减少安全事故的发生和生命财产的损失。图 4-21 所示为安防机器人。

图 4-21 安防机器人

按照服务场所划分,安防机器人可分为安保服务机器人和安保巡逻机器人;按照服务对象划分,安防机器人可分为家用安保机器人、专业安保机器人和特种安保机器人。

安保服务机器人是一种用于非工业生产的设备,能在非结构化环境中以半自主或全自主的方式为人类提供安全防护服务。它不仅可以完成迎宾导购、产品宣传、自动打印等任务,还可以在夜间进行自动巡逻、环境检测、异常报警等,实现 24 小时全天候全方位监控。它广泛应用于银行、商业中心、社区、政务中心等场所。

安保巡逻机器人是一个集成环境感知、动态决策、行为控制和报警装置,具备自主感知、自主行走、自主保护、互动交流等能力,可帮助人类完成基础性、重复性、危险性的安保工作,推动安保服务升级,降低安保运营成本的多功能综合智能装备。安保巡逻机器人携带红外热像仪和可见光摄像机等检测装置,可将画面和数据传输至远端监控系统,主要用于执行各种智能安保服务任务,包括自主巡逻、音视频监控、环境感知、监控报警等。安保巡逻机器人广泛应用于机场巡逻、车站巡逻、工厂巡逻以及电力巡逻等领域,适用于机场、车站、仓库、园区、危化企业等场所。

4.4.2 安防机器人的应用

1. 中智科创安保巡逻机器人

中智科创在安防机器人上起步较早,是国内安防机器人行业的先行者。2014 年,中智科创开发了我国首个安防机器人。同年,中智科创安保巡逻机器人率先应用于华为工业基地。中智科创安防机器人如图 4-22 所示。

图 4-22　中智科创安防机器人

2. 高新兴机器人

高新兴机器人是一家专注于企业级巡逻机器人的定制化开发及推广的公司，拥有机器视觉、人工智能等核心技术的自主知识产权，可以为客户搭建"机器人＋安防"的动静融合型立体巡防系统，适合于企业园区、房地产、智能工厂等场景。此外，该公司还提供了警用安保巡逻机器人解决方案，该方案是一个包含了高点监控、警用安保服务机器人、警用安保巡逻机器人、警用特种机器人的智能化信息系统，可以在重大时期、重点场所、重大活动的安保升级中，辅助公安民警提高事件响应速度及处理效率。高新兴安防机器人如图 4-23 所示。

图 4-23　高新兴安防机器人

3. 优必选安防巡检机器人

优必选智能安防巡检机器人如图 4-24 所示，下面重点介绍智能安防机器人——ATRIS。

智能安防机器人 ATRIS 是一款具备 U-SLAM 自主导航、主动人脸识别、可见光＋热成像监控、强声驱散、实时语音对讲、语音播报、紧急呼叫（选配）等多种功能的室外安防机器人。图 4-25 所示为智能安防机器人 ATRIS 外形结构。

a）智能安防机器人——ATRIS 　　　b）智能巡检机器人——AIMBOT

图 4-24　优必选智能安防巡检机器人

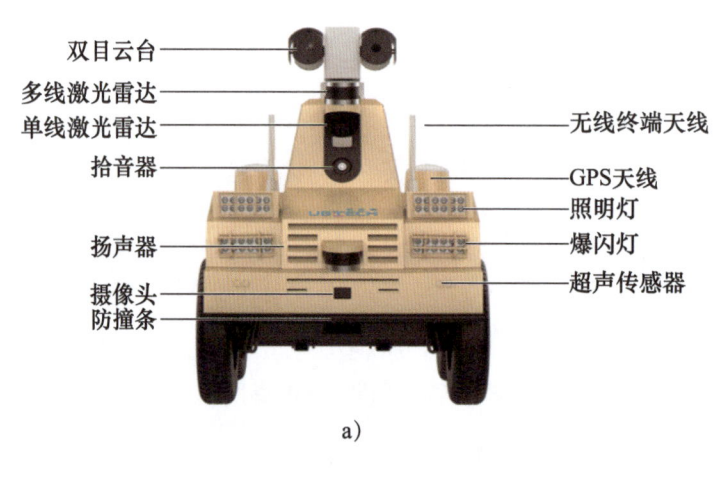

图 4-25　智能安防机器人 ATRIS 外形结构

智能安防机器人 ATRIS 的系统方案架构包含：环境感知层（机器人本体搭载了多样化的感知器件）、网络传输层（前端设备采集信息传输到后端管理中心，同时远程管理软件可对前端设备进行远程管理、状态监测及设备参数设置）、云端平台层（实现 AI 智能分析、人脸识别和搜索比对、文件云存储、视频转发、大数据的核心架构）和终端应用层（用户实现操作管理）。

针对不同应用场景下的巡检需求，ATRIS 可帮助用户大幅节省人力资源，起到提高巡逻效率、隐患预警和保障园区安全的作用，为日常安防巡检、远程应急指挥、高危环境侦测等任务提供解决方案。ATRIS 主要应用场景介绍如下。

（1）场景一：公共区域非法入侵预警

ATRIS 具有自主导航巡逻功能，可在园区内执行全天巡逻任务，管理人员可通过监控软件远程查看 ATRIS 实时拍摄的监控视频，将采集到的人脸信息与数据库的人脸信息进行比对，识别人员身份。园区管理人员可以通过客户端实时获取监控视频和人员身份识别结果，对进入园区的陌生人和可疑人物进行管控，确保园区安全。

（2）场景二：公共区域潜在威胁预警

ATRIS 在自主巡逻过程中，通过实时视频回传和现场环境拾音，可协助园区管理人员发现人员聚集、危险对话等潜在威胁；同时，管理人员可通过客户端为 ATRIS 派发重点区域、固定监控盲区的定点特巡任务，通过机器人回传的高清视频和红外热成像视频，实时发现起火点、公共设备异常高温，进而对异常情况做出判断，触发相应预警机制。

（3）场景三：突发事件事中干预

当园区出现如现场斗殴、非法聚众等紧急突发事件时，现场人员可通过 ATRIS "紧急呼叫"功能呼叫控制中心，联系后台管理人员，管理人员可远程控制 ATRIS 及时到达现场处理，提升突发事件的解决效率，降低人物损害。

（4）场景四：安保事件事后取证

ATRIS 采用循环自动覆盖录像，可持续录制 5 天以上的视频（硬盘空间可扩展），实时记录 ATRIS 周边情况。事发后园区工作人员可调取指定时间视频，快速开展深入的取证调查。

动手实践

实践任务：列出你所知道的公共服务机器人类型和品牌

一、实践组织

以小组调研讨论 PK 汇报的形式完成任务实践。

二、实践内容

以小组为单位，通过网络、期刊等途径，针对以下主题进行讨论。

主题 1：什么是公共服务机器人？公共服务机器人的类型有哪些？

主题 2：公共服务机器人的核心技术有哪些？

主题 3：我国的公共服务机器人厂商有哪些？

主题 4：说一说你眼中的公共服务机器人是什么样的？

每组利用 15 分钟进行归纳总结，并制作 PPT 对此主题进行分析。每个小组依次派代表进行主题讨论结果演讲，最后由全体同学进行投票，决出优胜小组。

📌 项目评价

班级		姓　名		学　号		日　期	
自我评价	1. 能阐述公共服务机器人的定义、分类					□是	□否
	2. 能阐述公共服务机器人的发展历程					□是	□否
	3. 能阐述公共服务机器人的技术模块、系统组成					□是	□否
	4. 能列出常见公共服务机器人类型和品牌					□是	□否
	5. 在完成任务时遇到了哪些问题，是如何解决的						
	6. 能独立完成工作页/任务书的填写					□是	□否
	7. 能按时上、下课，着装规范					□是	□否
	8. 学习效果自评等级				□优	□良	□中	□差
	总结与反思：						
小组评价	1. 在小组讨论中能积极发言				□优	□良	□中	□差
	2. 能积极配合小组完成工作任务				□优	□良	□中	□差
	3. 在查找资料信息中的表现				□优	□良	□中	□差
	4. 能够清晰表达自己的观点				□优	□良	□中	□差
	5. 安全意识与规范意识				□优	□良	□中	□差
	6. 遵守课堂纪律				□优	□良	□中	□差
	7. 积极参与汇报展示				□优	□良	□中	□差
教师评价	综合评价等级： 评语： 教师签名： 日期：						

📌 项目小结

本项目主要学习了公共服务机器人的定义、分类及发展概况，了解了引导接待机器人、终端配送机器人以及智能安防机器人的典型案例和应用。

项目习题

一、填空题

1. 公共服务机器人是指在_____、_____、_____、农业、金融、物流等除医学领域外的公共场合为人类提供一般服务的_____机器人。
2. 公共服务机器人按其使用用途可以分为_____、_____、_____、_____和其他公共服务机器人。
3. 从技术模块上看，公共服务机器人的核心模块主要有：_____、_____、_____和_____四大部分。

二、选择题

1. 引导接待机器人是集（　　）技术和智能运动技术于一身的高科技产品。
   A. 视觉识别　　　　B. 语音识别　　　　C. 语音合成　　　　D. 视觉交互
2. 终端配送机器人主要服务场景是物流商务服务的（　　）环节。
   A. 订单导入　　　　B. 商品运输　　　　C. 装卸搬运　　　　D. 末端交付
3. 安防机器人，又称（　　），是半自主、自主或者在人类完全控制下协助人类完成安全防护工作的机器人。
   A. 巡逻机器人　　　B. 特种机器人　　　C. 巡检机器人　　　D. 安保机器人

三、简答题

1. 简述公共服务机器人的定义及分类。
2. 简述公共服务机器人的发展概况。

项目五
认识服务机器人操作规范

【项目导入】

早在 1942 年，美国科幻巨匠阿西莫夫就提出了"机器人学三定律"：一、机器人不得伤害人类，或坐视人类受到伤害而袖手旁观；二、机器人必须服从人类的命令，除非该命令违背第一定律；三、在不违背第一及第二定律的前提下，机器人必须保护自己。因此，服务机器人研发和应用的首要原则之一就是要确保机器人的安全，其中包括机器人本身应有的一系列安全规范和保护措施，以及使用人员应当注意的安全操作规范。

那么，如何保证研发出来的服务机器人是安全的呢？如何保证服务机器人的性能指标呢？本项目将带领大家一起来学习服务机器人安全设计和安全操作规范的相关知识。

学习目标

1）了解机器人安全总则的基本内容。
2）了解国内机器人标准概况以及服务机器人相关的安全标准。
3）掌握服务机器人常见安全标识及其含义。
4）了解服务机器人操作规范，能够正确操作服务机器人。

知识链接

5.1 机器人安全总则

国家标准《机器人安全总则》（GB/T 38244—2019）由中华人民共和国国家市场监督管理总局、中华人民共和国国家标准化管理委员会于 2019 年 10 月 18 日发布，并于 2020 年 5 月 1 日实施。该标准中对机器人、安全、风险分析、机械安全等术语进行了明确的界定，阐述了机器人总则，包括基本原则、设计原则、风险评估和风险减少等，并在机械安全、电气安全、控制系统安全、信息安全等方面给出了指导规范。该标准的实施，为我国机器人制造行业提供了研发依据，为机器人行业健康有序发展指明了方向。本书重点引用介绍"机器人安全基本原则、设计原则、机械安全、电气安全、控制系统安全、信息安全"等部分内容。

5.1.1 基本原则

国家标准《机器人安全总则》（GB/T 38244—2019）中明确提到机器人安全基本原则如下：

1）机器人产生的伤害应控制在可接受的范围内。
2）应通过本质安全设计措施减小或消除伤害。
3）如通过本质安全设计措施消除或充分减小与其相关的伤害不可行，则应使用安全防护和补充保护措施来减小伤害。
4）通过本质安全设计措施、安全防护和补充保护措施不能减小的遗留伤害应采取使用信息和培训来减小。
5）即使机器人不受控制也不应产生伤害，否则应对其进行隔离或强迫其停止运动。

5.1.2 设计原则

机器人安全性设计原则示意图如图 5-1 所示。其基本要求如下。

1）最小风险设计：首先在设计上消除风险，若不能消除已判定的风险，应通过设计方案的选择将其风险降低到可接受的水平。

2）采用安全装置：应采用永久性的、自动的或其他安全防护装置，使风险减少到可接受的水平。

3）采用告警装置：应采用告警装置来检测或标示危险，并发出告警信号。告警标记或信号应明显，避免人员对信号作出错误反应。

4）制定专用规程并进行培训：专用规程是为保证机器人的安全操作而制定的规程，包括个人防护装置的使用方法等。对从事机器人安全相关的工作人员，应进行培训和资格认定。

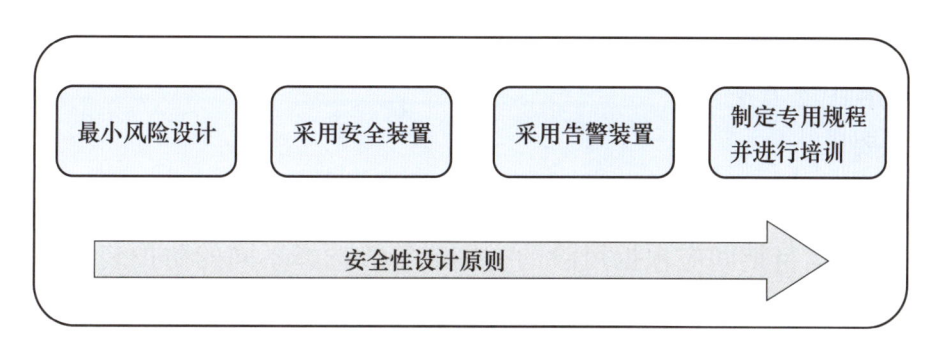

图 5-1 机器人安全性设计原则示意图

5.1.3 机械安全

机械安全是指在机械生命周期内，物理上（机械机构产生的直接伤害）所有风险被降低到可接受的，确保其不产生损伤或危害健康的能力。

1. 几何因素

应满足以下要求：

1）在不影响其功能的情况下，可接近的机器人机械部件不应对人员和周围环境产生伤害。

2）机器人机械部件的形状和相对位置应符合 GB/T 12265.3 或 GB/T 23821 的规定。

2. 物理特性

应满足以下要求：

1）应限制驱动力在可接受范围内，确保被驱动部件不会产生机械危险。

2）应通过限制运动部件的质量、速度的方式限制其动能。

3）应限制并采取措施减小噪声、振动和有害物质的排放。

4）应能避免外部环境（海拔、温湿度、冲击等）变化引起的危险。

5）应使用能承受正常使用过程中产生的物理、化学作用的材料。

6）机器人的设计应使其具有足够的稳定性，并使其在规定的使用条件下可以安全使用。

3. 人类功效学

设计机器人机械时应考虑人类功效学原则，并注意以下要求：

1）机器人使用过程中不应导致使用者有紧张姿势和动作。

2）应考虑人力的可及范围、控制机构的操动及人体各部位的解剖学结构，使机器人容易操作。

3）应尽可能限制噪声、振动和热效应（如极端温度）。

4）手动控制装置的选用、位置和标记应清晰可见、可识别，可立刻进行安全操作，位置和运动与作用一致，并且操作不能引起附加风险。

4. 防护装置和保护装置

应满足以下要求：

1）应采用防护装置和保护装置以防止机器人部件对人员产生伤害。

2）机器人正常运行期间应根据风险的类别或等级选择不同的防护装置。

3）应通过安全防护减少噪声、振动和有害物质。

4）维护或修理等阶段需要进入危险区时，机器人的设计应在不妨碍人员执行任务的前提下，使用保护人员的安全防护装置。

5）如不能通过重量分布等本质安全设计措施实现稳定性，则应采取保护措施如地脚螺栓、锁定装置等，保持机器人的稳定性。

5. 补充保护措施

当本质安全设计和安全防护措施不能达到降低风险的要求时，应采用补充保护措施实现降低风险。对避免或限制伤害的较为有效的机械相关保护措施包括但不限于以下补充保护措施：

1）隔离和能量耗散的措施。

2）提供方便且安全搬运机器人及其重型零部件的装置。

如需进入机器人内部，则应考虑以下要求：

1）被困人员逃生和救援措施。

2）安全进入机器的措施。

5.1.4 电气安全

机器人电气安全包括与电击有关的安全、与能量有关的安全、与着火有关的安全以及与热有关的安全等。本书仅介绍与电击有关的安全，其他相关的安全读者可自行查阅资料并进行深入学习。

机器人应具备在直接接触或间接接触情况下的电击防护能力。机器人在正常工作条件下和在单一故障（包括随之引起的其他故障）状态下运行应不引起电击危险。如有必要可提供警告标识，以提醒使用人员。表 5-1 所示为电击危险产生的原因及减小危险措施示例。

表 5-1 电击危险产生的原因及减小危险措施示例

电击危险产生的原因	减小危险的措施示例
接触正常情况下带危险电压的裸露零部件	用固定的或锁紧的盖、安全联锁装置等防止使用人员接触带危险电压的零部件；使可触及的带危险电压的电容器放电
正常情况下带危险电压的零部件和可触及的导电零部件间的绝缘被击穿	采用基本绝缘并把可触及的导电零部件和电路接地，这样，由于过流保护装置在规定时间内断开发生低阻抗故障的零部件，使接触危险电压的可接触性受到限制；或者在零部件间安装一个与保护地相连的金属屏蔽，或者在零部件间采用双重绝缘或加强绝缘，以便使可触及零部件间的绝缘不会被击穿
接触与峰值电压超过 42.4V 或直流电压超过 60V 的通信网络连接的电路	限制这种电路的可触及性和接触区域，把它们与未接地的、接触不受限制的零部件隔离开
使用人员可触及绝缘被击穿	使用人员可触及的绝缘应当有足够的机械强度和电气强度以减少与危险电压接触的可能性
从带危险电压的零部件流向可触及零部件的接触电流（泄漏电流），或保护接地连接失效。接触电流可包括接在一次电路和可触及零部件之间电磁兼容（EMC）滤波组件所产生的电流	把接触电流限制在规定值内，或提供更可靠的保护接地连接

5.1.5 控制系统安全

1. 通则

与机器人安全相关的控制系统（电气、液压、气动、软件）及部件应满足以下要求：

1）任何部件的单个故障不应导致安全功能的丧失。

2）只要合理可行，单个故障应在提出下一项功能需求之时或之前被检测到。

3）出现单个故障时，始终具有安全功能，且安全状态应维持到出现的故障已得到解决。

4）所有可合理预见的故障应被检测到。

5）检测出的故障在解决之前，机器人应保持安全状态。

6）确保安全控制系统的所有装置正常运行后，机器人方可运行。

2. 控制电路和控制功能

应符合以下要求：

1）控制功能应包含但不限于启动、停止、急停、操作模式、安全功能装置（双手控制、使动、止动等）。

2）保护性联锁应确保危险发生时，机器人安全停机。

3）危险解除前其"遮蔽"的危险的机器人功能不能执行。

4）应能避免接地故障、电压中断、电路连续性以及干扰引起的功能失常。

5）失效时的控制功能应包含但不限于使用经验证元件和经验证的技术、监控等。

6）对控制电路执行的每一项安全功能应进行评估，宜确定机器人的具体安全功能提供怎样的风险降低水平，依次确定执行该安全功能的控制电路所要求的置信度等级。

7）控制电路执行的安全功能信息应包括安全功能名称、功能的描述、按 GB/T 16855.1 要求的性能等级或 / 和按 GB 28526 要求的安全完整性等级。

3. 急停功能

机器人的失控会对周围人或环境造成伤害时应设置一个手动启动的急停功能。该急停功能应满足以下要求：

1）应符合 GB 5226.1—2008 中 9.2.5.4.2 的要求。

2）优先于机器人的其他控制。

3）中止所有的危险。

4）切断机器人驱动器的驱动源（飞行相关机器人不适用）。

5）消除可由机器人控制的任何其他危险。

6）保持有效直至复位。

7）只能手动复位，复位后不会自动重启。

4. 保护性停止

机器人应具有一个或多个保护型停止电路，可用来连接外部保护装置。此停止电路应通过停止机器人所有运动、撤除机器人驱动器的动力、中止可由机器人系统控制的任何其他危险等方式来控制安全防护的危险。停止功能可由手动或控制逻辑启动。

5. 速度控制

应满足以下要求：

1）评估应确定机器人的安全相关的速度范围，超出这个范围可能对机器人或周围人员造成伤害。

2）应在机器人可接触的移动部分进行速度监测，只有有权限的人可调节允许最大速度值。

3）控制机器人的速度以确保不超过安全相关的速度限制。

4）设计安全相关的速度控制以避免发生故障，应有超速报警。

6. 力控制

安全相关的力控制应通过安全相关的接触传感器（例如力传感器等）或其他控制方式来实现，使机器人接触力不能超出极限。应至少满足以下要求：

1）接触力的反应足够快，使力保持在安全的力限制范围内。

2）在发生接触事故后，应避免对人或设备造成伤害。

5.1.6 信息安全

基础原则要求如下：

1）机器人在网络（包括互联网、局域网等）中，应具有信息传输加密机制。

2）机器人的数据信息不应被非授权（非法）访问、篡改或删除。

3）机器人应阻止非授权（非法）信息的入侵，包括对此类信息的识别、判断、阻止与提示功能。

4）机器人不应拒接授权（合法）用户对信息和资源正常使用。

5）机器人应具有信息溯源机制。

5.2 服务机器人安全标准

国内现行及制定中的机器人标准共有180余项，主要分为国家标准和行业标准。国内机器人标准体系由基础标准、检测评定方法标准、零部件标准、整机标准和系统集成标准五个部分组成，按照状态分为已发布、制定中及拟制定三种状态。其中涉及机器人安全部分的标准主要集中在检测评定方法中，对如何设计、制造安全的服务机器人做出了规范指导，表5-2列举了国内服务机器人安全标准。按照标准内容分类，主要涉及机械/电气安全、功能安全等。

表 5-2 国内服务机器人安全标准

序号	名称	编号	属性	状态	分类
1	服务机器人功能安全评估	GB/T 38260—2019	推荐性国标	已发布	功能安全
2	服务机器人 机械安全评估与测试方法	GB/T 39785—2021	推荐性国标	已发布	机械安全
3	服务机器人 电气安全要求及测试方法	GB/T 40013—2021	推荐性国标	已发布	电气安全
4	家用和类似用途服务机器人安全通用要求	GB/T 41527—2022	推荐性国标	已发布	
5	教育机器人安全要求	GB/T 33265—2016	推荐性国标	已发布	
6	娱乐机器人 安全要求及测试方法	GB/T 41393—2022	推荐性国标	已发布	

5.3 服务机器人操作规范

5.3.1 服务机器人常见安全标识

通常在机器人本体及其外围设备上贴有相关的安全警示或信息标签，该标签用于提示操作维护人员可能会受到的伤害。表5-3所示为服务机器人常见安全标识示例。

表 5-3　服务机器人常见安全标识示例

 通用警告 一般通用警告	 触电危险 警告小心触电	 热表面危险 当心高温表面
 自动启动 当心自动启动	 当心挤压 当心移动的机械部件	 当心夹手 当心设备机械部件的关闭运动
 禁止用水灭火	 禁止放置重物	 禁止手伸入
 禁止推移	 禁止坐卧	 禁止踩踏
 禁止阻塞	 禁止在此处行走或停留	 禁止改变开关状态

5.3.2 服务机器人操作规范

随着服务机器人在社会上的普及，如何在操作环境中规范、安全地使用机器人已成为一个重要问题。这里以教育服务机器人为例，介绍其操作规范。

1. 操作规范

使用人员应按制造厂商的使用说明书使用机器人，按操作规程进行试运行和功能测试。

（1）机器人使用安全检查

1）机器人通电前应对其本体进行检查，具体检查项目及要求如下：

①机器人已按说明书正确安装，且稳定性好。

②电气连接正确，电源参数（如电压、频率、干扰级别等）在规定的范围内；其他设施（如水、空气、燃气等）连接正确，且在规定的界限内。

③通信连接正确。

④外围设备和系统连接正确。

⑤已安装好限定空间的限位装置。

⑥已采用安全防护措施。

⑦周边的环境符合规定（如照明、噪声等级、湿度、温度等）。

2）机器人通电后具体检查项目及要求如下：

①机器人系统控制装置的功能，如启动、停机、操作方式选择（包括键控锁定开关）符合预定要求，机器人能按预定的操作系统命令进行运动。

②机器人各轴都能在预期的限定范围内进行运动。

③急停及安全停机电路及装置有效。

④可与外部电源断开和隔离。

⑤各装置的功能正常。

⑥安全防护装置和联锁的功能正常，其他安全防护装置（如栅栏、警示装置）就位。

（2）机器人使用安全注意事项

1）若有机械挡块、极限开关、光幕、激光扫描器件等，应遵照制造商的建议使用。

2）谨慎操作，避免机械部件运动引起的危险。例如：机器人部件运动——如大臂回转、俯仰、小臂弯曲、手腕旋转等引起的挤压、撞击和夹住，夹住工件的脱落、抛射，以及移动机器人轮胎或履带可能造成的卡住肢体或衣服导致的伤害。

3）仅在满足下列要求时，操作者才能启动机器人进行自动操作：

①预期的安全防护装置都在位，并且能起作用。

②在安全防护空间内没有人。

③遵守制造厂商给出的安全操作规程。

图5-2所示为优必选人形双足教育机器人Yanshee的使用安全示例。

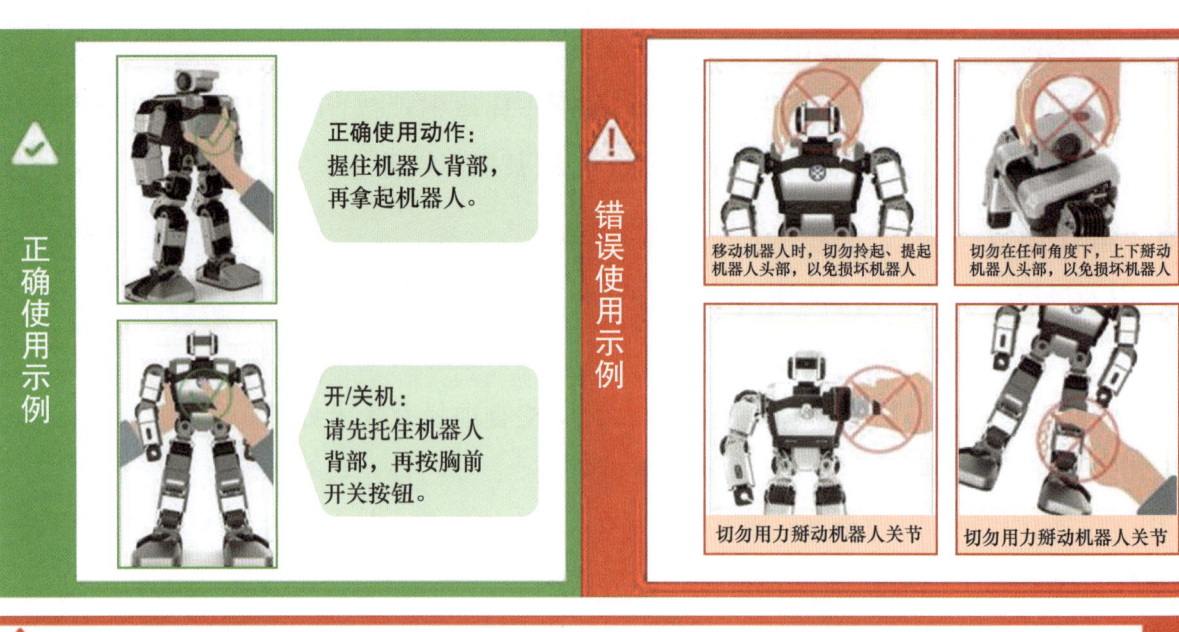

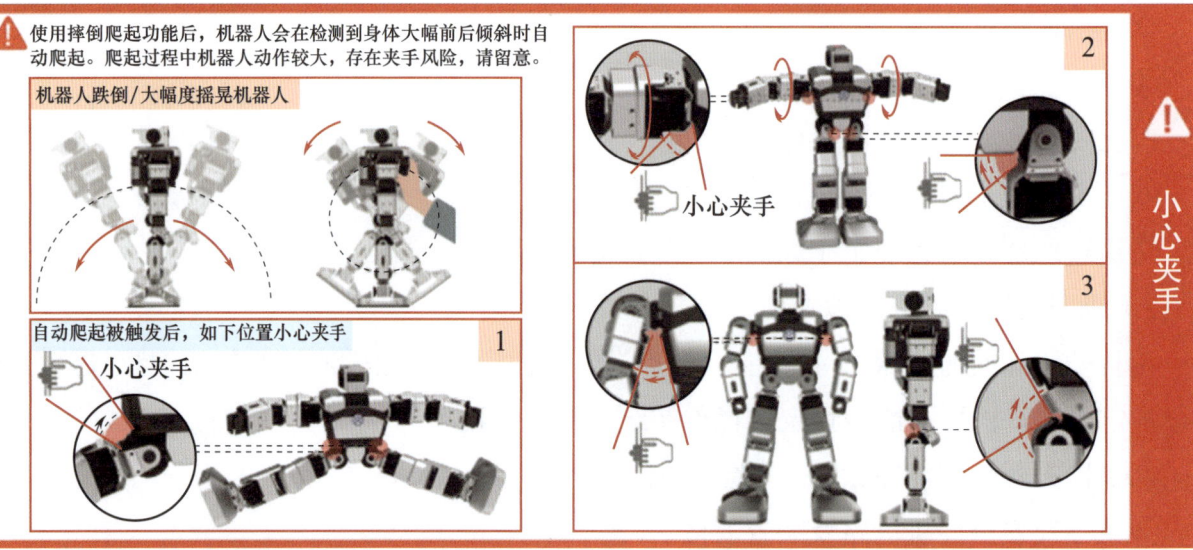

图 5-2　优必选人形双足教育机器人 Yanshee 的使用安全示例

2. 清洁保养

为减少机器人的使用损耗，延长服务机器人的使用寿命，通常需要定期对机器人进行清洁保养。不同品牌和不同形态的机器人，其清洁保养的方法也有所不同，使用者应遵照制造商提供的技术文件中清洁保养的资料进行操作。下面以优必选人形双足教育机器人 Yanshee 为例介绍服务机器人日常清洁保养步骤。

1）确保机器人处于非充电状态下，并将机器人 Yanshee 关机，图 5-3 所示为机器人 Yanshee 站立关机状态。

2）使机器人 Yanshee 平躺于水平桌面上，图 5-4 所示为机器人 Yanshee 平躺放置状态。

3）用软湿布擦拭机器人各个关节及端子线（如图 5-5 所示），注意避免使用酸/碱性液体。

4）用软干布擦干机器人各个关节及端子线。

5）检查 Yanshee 机器人是否擦干，于通风处晾干 Yanshee 机器人后，将其收至 Yanshee 机器人收纳箱内，图 5-6 所示为 Yanshee 机器人收纳箱。

图 5-3　机器人 Yanshee 站立关机状态 　　　　图 5-4　机器人 Yanshee 平躺放置状态

图 5-5　用软湿布擦拭机器人各个关节及端子线 　　图 5-6　Yanshee 机器人收纳箱

动手实践

实践任务：清洁、保养服务机器人

一、实践组织

以小组调研讨论 PK 汇报的形式完成任务实践。

二、实践内容

以小组为单位，根据本项目学习的服务机器人安全操作规范相关知识，针对以下主题进行讨论并进行示范演示。

主题 1：简述服务机器人的安全操作规范及具体内容。

主题 2：演示正确使用服务机器人，并制作服务机器人使用安全与清洁保养提示卡。

每个小组依次派代表进行主题讨论结果演讲，最后由全体同学进行投票，决出优胜小组。

项目评价

班级		姓　名		学　号		日　期	
自我评价	1. 能列举国内服务机器人安全标准					□是	□否
	2. 能正确识别服务机器人常见安全标识					□是	□否
	3. 能阐述教育服务机器人的一般操作规范					□是	□否
	4. 能对教育服务机器人进行正确示范操作					□是	□否
	5. 能够独立制作服务机器人使用安全与清洁保养提示卡					□是	□否
	6. 在完成任务时遇到了哪些问题，是如何解决的						
	7. 能独立完成工作页/任务书的填写					□是	□否
	8. 能按时上、下课，着装规范					□是	□否
	9. 学习效果自评等级				□优	□良	□中	□差
	总结与反思：						
小组评价	1. 在小组讨论中能积极发言				□优	□良	□中	□差
	2. 能积极配合小组完成工作任务				□优	□良	□中	□差
	3. 在查找资料信息中的表现				□优	□良	□中	□差
	4. 能够清晰表达自己的观点				□优	□良	□中	□差
	5. 安全意识与规范意识				□优	□良	□中	□差
	6. 遵守课堂纪律				□优	□良	□中	□差
	7. 积极参与汇报展示				□优	□良	□中	□差
教师评价	综合评价等级： 评语： 教师签名： 日期：						

项目小结

本项目主要介绍了机器人安全总则、服务机器人安全相关标准、服务机器人操作规范等知识。通过对教育服务机器人的清洁保养训练，读者应对服务机器人安全操作规范知识更加理解。

项目习题

一、填空题

1. _____年_____月_____日，国家标准《机器人安全总则》（GB/T 38244—2019）由中华人民共和国国家市场监督管理总局、中华人民共和国国家标准化管理委员会发布，_____年_____月_____日起实施。

2. 国家标准《机器人安全总则》（GB/T 38244—2019）中对_____、_____、_____、_____等术语进行了明确的界定，并阐述了机器人的总则。

3. 机械安全，是指_____内，物理上（机械机构产生的直接伤害）所有风险被降低到可接受的，确保其不产生损伤或危害健康的能力。

4. 机器人电气安全包括与电击有关的安全、_____、_____以及与热有关的安全等。

5. 按照标准内容分类，机器人安全标准主要涉及_____、_____等。

二、简答题

1. 简述下列服务机器人常见安全标识的含义。

2. 简述机器人使用安全检查事项。

参 考 文 献

［1］肖南峰.服务机器人［M］.北京：清华大学出版社，2013.

［2］谷明信，赵华君，董天平.服务机器人技术及应用［M］.成都：西南交通大学出版社，2019.

［3］陈万米.服务机器人系统设计［M］.北京：化学工业出版社，2019.

［4］王田苗，陶永，陈阳.服务机器人技术研究现状与发展趋势［J］.中国科学：信息科学，2012（09）：1049-1066.